# 立体视觉多信息检测与量测技术及应用

张贵阳　郑雷　张斌　著

西安电子科技大学出版社

## 内 容 简 介

本书系统地介绍了立体视觉多信息检测与量测的理论基础、关键技术及应用前景，内容涵盖立体视觉的基本原理、立体匹配、目标检测、深度估计、三维重建、变形测量、算法加速等方面，旨在帮助读者掌握立体视觉多信息检测与量测的核心技术，推动立体视觉技术在各个领域的广泛应用。

本书可为从事立体视觉研究的技术人员和工程师提供全面的理论指导和实践参考，也可作为相关领域研究生和本科生的教材。

**图书在版编目（CIP）数据**

立体视觉多信息检测与量测技术及应用 / 张贵阳，郑雷，张斌著. --西安 ：西安电子科技大学出版社，2025. 6. -- ISBN 978-7-5606-7643-2

Ⅰ. TP302.7

中国国家版本馆 CIP 数据核字第 2025ST1832 号

策　　划　高　樱
责任编辑　于文平
出版发行　西安电子科技大学出版社（西安市太白南路 2 号）
电　　话　(029) 88202421　88201467　　邮　　编　710071
网　　址　www.xduph.com　　电子邮箱　xdupfxb001@163.com
经　　销　新华书店
印刷单位　陕西天意印务有限责任公司
版　　次　2025 年 6 月第 1 版　　2025 年 6 月第 1 次印刷
开　　本　787 毫米×960 毫米　1/16　　印　　张　9
字　　数　179 千字
定　　价　28.00 元
ISBN 978-7-5606-7643-2

**XDUP 7944001-1**

＊＊＊如有印装问题可调换＊＊＊

# PREFACE 前　言

随着计算机技术、摄像技术、信息技术等的发展，立体视觉的研究与应用取得了显著的进展。特别是近年来，在深度学习和大数据技术的推动下，计算机视觉因其在识别、理解图像和视频数据方面的卓越能力而备受瞩目，这一领域已成为人工智能研究的前沿焦点。立体视觉作为计算机视觉的一个重要分支，可通过对场景的目标信息进行检测和量测，为机器提供更加丰富的感知能力，在工业、国防、农业、医学、交通等诸多领域，立体视觉技术都发挥着至关重要的作用。

本书系统地介绍立体视觉多信息检测与量测的理论基础、关键技术及应用前景，内容涵盖立体视觉的基本原理、立体匹配、目标检测、深度估计、三维重建、变形测量、算法加速等方面。全书共 8 章。第 1 章为绪论，对机器视觉技术研究现状、智能视觉系统构成和视觉技术应用领域及产业发展面临的问题进行了论述，以帮助读者对视觉技术有一个整体的认识。第 2 章为目标特征识别、匹配与编码，内容包括特征类型概述、特征识别与提取以及特征点编码。第 3 章为立体视觉相机内、外部参数标定，内容包括单目相机标定、双目相机标定以及多目相机联合优化标定。第 4 章为视觉检测架构与方法，内容包括视觉检测前置技术、机器学习目标检测和基于跨层连接的 AGV 目标识别。第 5 章为立体视觉量测系统，内容包括量测原理与量测模型、空间点三维坐标重建以及量测系统精度分析与评价。第 6 章为基于数字图像相关技术的变形测量，内容包括数字图像相关技术原理、散斑图像亚像素匹配、基于多相机系统的立体变形测量技术以及变形测量实验与误差分析。第 7 章为基于视觉的位姿估计，内容包括刚体变换、基于 SVD 的位姿变换矩阵估计、迭代式位姿估计和合作目标位姿估计测试。第 8 章为立体视觉三维信息解算硬件加速技术，内容包括 CUDA 编程平台、基于 CUDA 架构的 GPU 并行计算实现方式、基于 CUDA 架构的变形信息测量并行算法设计与实现以及异构并行计算下的模拟叶片变形测量实验。

本书采用理论分析与实践相结合的方式，让读者直观感受方法改进带来的实验结果差异，方便读者更加容易地理解和接受视觉检测与量测知识。本书旨在帮助读者掌握立体视觉多信息检测与量测的核心技术，推动立体视觉技术在各个领域的广泛应用。

本书由苏州工学院张贵阳、郑雷、张斌合作编写。张贵阳主要聚焦于视觉系统的标定、检测与量测部分，完成了第 3～6 章的编写；郑雷针对视觉检测与量测技术的发展现状以及特征识别与匹配问题，完成了第 1 章和第 2 章的编写；张斌针对视觉位姿估计与算法的加速问题，完成了第 7 章和第 8 章的编写。

作者希望本书能够为读者在立体视觉领域的研究和实践提供帮助。由于作者水平有限，书中难免存在不妥之处，敬请读者批评指正。

作 者

2025 年 2 月

# CONTENTS 目录

# 第1章 绪　　论

## 1.1 视觉技术研究现状

### 1.1.1 高精度相机参数标定方法研究现状

在立体视觉检测与量测领域中，相机参数标定是实现对物体位姿进行精确测量的关键过程之一。这一过程依据透视投影原理求解相机的各类参数，旨在构建特征点像素坐标与真实空间坐标之间的转换关系。在当前的研究与实践中，对相机参数标定的数学分析通常以小孔成像模型为基础，在此之上结合一些特定方法如畸变矫正、扩展约束和全局优化等，以提升相机参数标定方法的准确性、稳定性及普适性[1]。视觉量测领域内的相机参数标定方法依据不同的标准被分类，分类依据包括解决模型的选择、约束条件的采用以及标定过程的独特性质。

传统标定方法被广泛采用。其中，直接线性变换（Direct Linear Transformation，DLT)方法因其简便的计算步骤而备受青睐[1]。然而，这种方法未考虑相机畸变因素的存在，导致其校准精度有限[2]。Tsai 提出的两阶段法通过分步求解相机参数，并结合非线性优化技术对畸变进行调整，显著提高了标定过程的精度[3]。张正友标定法则通过在多种位置和姿态下拍摄平面标记板，简化了标定流程，并因高精度而得到了广泛应用[4]。与传统标定方法不同的是，自标定方法摒弃了依赖手动设置或外部参考物的前提条件，能够直接通过分析图像内特征点之间的匹配关系来推导相机各项参数，虽然其提供了相对简洁的处理路径，但也导致了较低的精度及鲁棒性。这种方法主要适用于那些能够进行精确相机位姿调整的情况[5-6]。

对比之下，主动视觉下的标定方法采取了一种独特的途径，其通过主动改变环境中的光照条件、相机视角、相机自身位置等来获取关于场景的不同视角信息，并结合目标对象在这些不同视角中的运动数据来进行参数标定。其中，应用比较广泛的主要有利用平面单应性矩阵进行分析的方法和基于外极点的正交运动技术[7-8]。主动视觉下的标定方法具备算法实现相对简单、处理速度快的特点。然而，对精确运动设备的需求限制了它们的广泛应用。随着技术的进步，实时在线校准与调整等方法被引入，其通过动态监控和调整相机参数以适应环境变化，从而确保在测量过程中使用的外部参数更加贴合实际情况。

随着视觉量测技术的发展，相机参数标定方法的研究逐渐聚焦于改进算法以满足多样化应用场景。安喆等人提出的光学透射式平视显示系统校准法采用双重畸变校正与非线性回归估计，实现了高精度系统参数标定，显著提升了相机模型的精度[9]；Li 等人结合径向和切向畸变模型，并考虑立体相机间的相对约束，以优化内、外部参数及畸变系数获取过程[10]。研究者还通过分析标定误差分布以及计算重投影误差补偿矩阵来修正立体相机间的关系，进一步提升立体相机参数标定精度[11-12]。值得一提的是，考虑到振动等外部因素可能引起的外部参数变动，实时在线校准与调整方法的引入确保了使用中的相机外部参数始终反映实际情况[13-14]。

智能优化算法，如粒子群优化(Particle Swarm Optimization，PSO)算法和差分进化(Differential Evolution，DE)算法及其改进版本[15-16]为精确标定相机参数提供了新的可能。这些方法能够提供更高效、更准确的优化路径，有助于提升标定过程的速度与精度。机器学习技术，特别是深度人工神经网络等方法，近年来被应用于辨识和精确标定相机内、外部参数，并显示出巨大的潜力和前景。例如，周婧等人融合了变异策略与粒子群优化算法来处理相机内部参数三维校准问题[17]。这种方法运用阶段式优化策略，对外部参数和部分内部参数进行初步估算，并建立相机成像模型。Deng 等人则使用了混合粒子群算法来标定相机参数，该算法具有高性能及避免陷入局部最优的能力[18]。粒子群优化算法也被应用于水下影像系统的标定[19]。DE 算法在相机参数标定中的应用也是研究热点之一[20]。文献[21]使用步进法与改良的 DE 算法结合的方式，成功应对了目标函数中的复杂局部极值问题。Fraga 等人通过改进的 DE 算法克服了高度非线性下的相机参数标定难题，并提升了标定过程的收敛精度[22]。Kang 等人的贡献则是提出了一种新型约束自适应 DE 算法，该算法不仅大幅提高了三维逆向重建效率，还显著增强了异常值在噪声图像中被抑制的能力[23]。此外，机器学习方法，特别是与深度人工神经网络相结合的方法在相机标定领域展现出了巨大潜力并正逐步形成实际应用的框架[24-25]。通过集成深度学习技术等手段[26]，这些方法能够实现对相机内、外部参数的精确标定，但实际成熟算法的应用仍处于发展阶段。

整体而言，通过不断的算法创新与改进，图像处理领域内相机参数标定的准确性和鲁棒性实现了显著提升，这为更广泛的视觉量测应用提供了坚实的支撑。这些进展不仅推动了基础研究的发展，也为实际工程、医疗、机器人技术等多领域的技术创新铺平了道路。

### 1.1.2 基于数字图像相关技术的变形测量研究现状

数字图像相关 (Digital Image Correlation，DIC) 技术是一项结合了数字图像处理与数值分析的新兴无接触式测量手段，最早由美国南卡罗莱纳州立大学的 Peter 和日本学者 Yamaguchi 分别独立研发并推广[27-28]。在中国学术界，清华大学高建新教授率先将 DIC 技术应用于流体动力学与微尺度测试领域，并对其进行了深入研究[29]。随着这一技术在全球范围内的广泛应用，它得到了国内外诸多研究者的关注。通过持续的算法优化和系统结构改进，该技术的测量精度得到了显著提升，适用场景被扩大，处理速度也得到了提高，其在工程、材料科学等多个领域展现出巨大潜力和价值。以二维DIC技术为例，在测量过程中，试件表面需具备随机分布纹理，这些纹理通常采用人工散斑喷洒实现。目标与参考图像间的灰阶匹配需要高精度的定位策略——亚像素级搜索，它通过精确搜索确定目标子区域中与参考子区域内同名点对应的坐标[30]。初期，研究人员探索了逐点搜索、层次搜索及十字搜索[31]等方法以进行匹配操作，但这些方法在效率上存在局限性。为提升效率并减少计算量，曲面拟合和梯度下降法被引入，相较于之前的方法，它们在运算速度方面有所改进[32-33]。然而，尽管这些方法的运算速度得以提升，但在精度方面仍有不足之处。在二维DIC技术的发展历程中，Bruck等研究者所提出的Newton-Raphson迭代算法成为广受欢迎的解决方案，其特点在于：通过适当的初始估计值指导快速收敛至最优解[34]。尽管该方法具有高效性，但其在迭代过程中需频繁更新Hessian矩阵，这导致数据处理量庞大。面对这一挑战，Vendroux等提出了优化策略——利用Hessian矩阵的近似计算替代传统的Newton-Raphson算法，并采用Gauss-Newton算法，该策略在不牺牲精度的同时提升了计算效率[35]。此技术改进进一步提高了匹配过程的性能，显著减少了计算时间消耗。随后，Baker等对Gauss-Newton算法进行了更深入的研究与优化，提出了一种避免重复计算Hessian矩阵的迭代方法，并成功在算法层面上实现了重大突破。这种方法不仅保留了原有精度，而且通过减少不必要的计算步骤，显著降低了匹配过程中的时间成本[36]。这一系列改进使得DIC技术不仅在理论研究上更为完善，而且在实际应用中也展现出更加高效、精准的特点。

采用二维DIC技术实现高精度变形测量需满足特定前提：被测对象的目标表面近似平面，法线与光轴平行且聚焦于视野中心；同时，在加载过程中目标离面位移保持在较小水平上。这些约束限制了二维DIC技术在处理三维实际变形中的应用广度。因此，1993年Luo及其团队开创性地将二维DIC技术与双目视觉技术融合[37]，通过对比参考图像和目标图像的局部区域及左、右相机捕获的散斑图子区域，并利用校准参数重建计算点三维坐标，实现了对物体表面离面变形的测量。为提升立体匹配中对应的准确性，文献[38]着重于优化视场间的重叠区域管理，并应用极线几何约束来确保全场景三维变形的获取。单宝华等人关注于减少立体匹配误差，选择与右视图上数字图像最接近的点作为新匹配点，用于时序上的右侧图像匹配改进[39]。然而，基础矩阵求解精度是决定修正准确度的关键因素。Shao等人的研究旨在优化反向Gauss-Newton算法以减少计算冗余，采用并行处理加快匹配速度以实现接近实时的三维变形测量[40]。Dizaji及团队进一步整合了三维DIC技术与辅助传感技术，并引入新的目标函数来调整有限元模型预测，确保数值模拟结果与实际应变值一致[41]。吴荣等人开发了基于子区域旋转的DIC技术[42]，解决了大角度变形测量的难题，并尝试将其应用于风电设备叶片形变检测等场景。此外，三维 DIC 技术在水下动力学响应分析[43]和高温环境下的变形测量[44]中也展现出了广阔的应用前景。

随着对基于 DIC 技术的测量软件研发关注度的提升，视觉测量软件因其高精度、安装便捷与稳定的性能，在众多行业领域得到了广泛应用。受市场需求驱动，德国 Dantec 的 Q-400 系统、GOM 的 ARAMIS 变形测量系统和美国 CSI 的 Vic-3D 应变测量系统的功能持续增强。中国作为世界制造业大国，对变形测量仪器设备的需求不断增长，对于这一技术研究的需求变得日益迫切，这使得 DIC 技术在中国不仅蕴含着巨大的发展潜力，也预示着广泛的应用前景。

### 1.1.3 视觉检测技术研究现状

视觉检测是机器视觉领域中的基本任务之一，它通过机器视觉技术来自动检测产品或物体的视觉特性，广泛应用于工业自动化、质量控制、机器人导航、医疗成像和安全监控等领域。

视觉检测技术的发展可分为基于传统方法和基于深度学习算法两个阶段。从 20 世纪 90 年代初至 2014 年前后，视觉检测主要通过滑动窗口、人工特征提取算子等传统方法完成。在这一时期出现了 HOG[45]、DPM[46]等众多经典的视觉检测算法，并得到了广泛的应用。但是传统的视觉检测算法在准确性、鲁棒性等方面的表现不尽如人意，同时存在运算量大、效率低的缺陷。随着计算机性能的不断提升以及机器视觉理论的不断演进，2014 年 Girshick 提出了 R-CNN(Region-CNN)神经网络 [47]，以此为开端，深度学习算法开始在视觉检测领域大放异彩。这类算法能够自动学习图像中的隐藏特征，视觉检测算法的精度、速度得到了极大的提升。卷积神经网络是最经典的深度学习网络模型之一，其通过权值共享，大大降低了神经网络模型的复杂度，同时减少了权值的数量。它能够自动实现图像特征的提取，使图像识别的准确性、鲁棒性大幅提高[48]。卷积神经网络首先被应用于解决图像分类问题，先后出现了 LeNet[49]、AlexNet[50]、VGGNet[51]、GoogleNet[52]、ResNet[53]和 DenseNet[54]等经典的网络模型。随后人们开始将目光转向视觉检测领域。继 R-CNN 之后，Girshick 和 Ren 等又先后提出了 Fast R-CNN[55]和 Faster R-CNN[56]模型，进一步提高了卷积神经网络视觉检测的速度和精度。但这些算法属于两阶段法，检测速度与实际需求仍有一定差距。2016 年，Redmon 等提出了基于直接回归思想的 YOLO（You Only Look Once)算法，目标识别的速度进一步提高[57]。YOLO 算法属于一阶段视觉检测算法。随后一系列性能更强的网络模型算法相继被提出，视觉检测的精度、速度不断提高，并被广泛应用于工程实践中。

德国、美国、日本等发达国家在视觉检测技术上起步早、发展快，并诞生了许多著名的相关产业企业，包括日本的 Moritex、Computar、Panasonic 和 Keyence，美国的 Dalsa、Cognex，德国的 Schneider、Zeiss、Optronis、Siemens 和 Omron 等。相比发达国家，我国视觉检测相关企业直到20世纪90年代初才艰难起步，而所涉及的技术也仅包含较为简单的多媒体、表面缺陷检测以及车牌识别等。进入21世纪后，随着中国科技产业的不断崛起和经济社会的快速发展，国内越来越多的企业开始进入视觉检测领域，并探索与研发具有自主知识产权的视觉检测软硬件设备。2008年前后，中国制造的视觉检测产品开始大量进入市场，相关企业的视觉检测产品设计、开发与应用能力在不断实践中也得到了提升，一大批系统级相关技术人员得到了培养。

近年来，我国对智能制造、智能视觉、智能检测等技术的发展给予了极大支持，制定出台了多个配套的政策文件。得益于相关政策的扶持和引导，我国视觉检测行业的投入与产出显著增长，市场规模快速扩大，视觉检测相关软硬件产品呈现百花齐放的蓬勃发展状态。

尽管我国视觉检测产业飞速发展，但是美国、德国、日本等发达国家在视觉检测领域的核心技术方面依然占据着主导优势，其中美、日两国就垄断了全球50%以上的市场份额。在中国崛起的同时，国外也制定了多项科技发展的战略和政策，如美国的再工业化与工业互联网策略以及日本的机器人新战略。发达国家及地区展现出显著的视觉检测技术创新动能，这种趋势正在持续增强，推动着这一领域的发展和进步。我国在视觉检测领域的发展任重道远。

### 1.1.4 立体视觉位姿估计关键问题研究现状

位姿估计或姿态估计是评估相机与目标对象相对位置及方向的过程。该过程通过分析三维空间坐标点及其在二维图像上的对应点来实现，目的在于建立世界坐标系和相机坐标系间的转换矩阵[58]。与之不同的是，绝对定向关注于利用已知空间点坐标计算不同直角坐标系下的坐标变换矩阵。在计算机视觉领域中，基于点特征的位姿估计通常被称为透视n点(Perspective-n-Point,PnP)问题[59]。Horaud等研究者指出，结合一组三维空间点和它们图像上的二维投影坐标，以及相机内部参数，可以确定旋转和平移关系——外部参数矩阵[60]。基于点特征的位姿估计通过对圆心或球心的提取和定位成像，建立多个点之间的对应关系，并利用投影方程来求解位姿参数[61]。

在处理复杂环境中的非合作对象定位问题时，研究者们聚焦于目标的结构特征及其边缘线条，并通过等距采样建立模型直线与优化法向距离来实现目标姿态的精确计算[62]。其中，Teng等采用飞行器图像密度进行平行线聚类以提取结构细节，并结合机翼形态与几何约束完成姿态估计过程[63]。而Liu等在分析航天器喷管和对接环的几何属性时，引入特定向量来计算法线，并利用消隐线原理及双目重建以确保圆面法向、中心位置以及半径估计的独特性[64]。冯肖维等人则依据目标表面纹理信息与网格拓扑关系，估算未知区域的特征点云，从而在非结构化环境中准确复原目标三维信息[65]。为满足复杂场景对实时性的高要求，Wang等引入了DenseFusion异构架构，用于在RGB-D图像中估计一组已知物体的六维姿态，并整合端到端迭代姿态细化过程[66]。Omran 等则构建了一种使用自下而上的结构分割和模型约束的端到端可训练框架，结合深度学习算法实现了动态参数的直接预测[67]。最小化目标函数的构建通常采用图像空间误差形式作为优化目标[68]，以实际像素坐标与重投影后的像点之间的误差向量范数作为评估标准。相反地，Lu 等则构建了物方空间共线性误差方程，将位姿估计问题转化为最小化视线投射后点与原始点间误差的优化任务[69]。

求解位姿参数的技术途径主要被分为两类：非迭代算法与迭代算法[70]。其中，Umeyama[71]在 1991 年开创性地使用最小二乘理论估计两个点集间的相对变换矩阵。而 Hesch 等人随后通过直接最小二乘法(Direct Least Squares，DLS)解决了 PnP 问题，这一算法无需循环迭代且不依赖预设值[72]。EPnP 算法提出了一种高效的非迭代策略，它将平面或非平面特征点视为虚拟控制点的加权组合，算法性能极大提升[73]。文献[74]则介绍了 RPnP 算法，其特色在于将 PnP 问题分解为多个 P3P 子任务以增强鲁棒性，相比于迭代算法，其能在缺乏冗余参考点的情况下提供更为精准的估计结果，且能够有效处理大规模特征集[75]。

对比之下，迭代算法需构建最小化目标函数并借助 Gauss-Newton、Levenberg-Marquardt 等算法求解[76]。Lu 等人通过正交迭代算法，利用旋转矩阵的正交性质解决了物方空间共线性误差问题，实现了准确的旋转变换参数计算，但其速度依赖于由弱透视投影提供的初始估计值[69]。近年来，研究者致力于优化迭代式位姿参数解算技术以提升效率和稳定性。Chang 等人设计了一种基于候选轴向的迭代近点方法，其通过匹配目标三维重构数据点云与 3D 模型点云，实现了高效且稳定的位姿参数确定[77]。而文献[78]将单目位姿估计算法拓展至立体视觉系统中，实现了多个相机间相对位姿的同步优化。研究者通过减少迭代过程中的冗余矩阵运算来简化算法，并采用多相机联合优化、连续帧图像处理等措施以增强实时性，成功将迭代算法应用于飞行器姿态估计、实时目标追踪和机械臂抓取任务，取得了显著成果。

## 1.2 智能视觉系统构成

智能视觉系统主要由获取图像信息的图像采集单元和对视觉信息进行处理、判别、决策的图像处理单元组成。图像采集是决定智能视觉系统成败的关键，图像采集质量与镜头、相机、光源等硬件息息相关。图像处理则是智能视觉系统的灵魂，在智能视觉系统中发挥着核心作用。智能视觉系统通常包含三个主要部分：一是用于捕获图像的信息采集组件(光源、镜头以及相机等)；二是负责图像分析的处理模块；三是操控中枢，包含人机交互界面、可编程逻辑控制器(PLC)、工业机器人和电机等多种控制设备。这三个部分紧密协作，共同推动着图像智能解析和高效应用的发展。

## 1.2.1　图像采集单元

图像采集实质上是将待测量对象的可视画面及其内部属性转化为适于计算设备解析的信息流的环节，这一环节对整个系统运行的稳定性和安全性有着关键影响。图像采集任务通常需要借助光源、镜头、相机等硬件设施来完成。

### 1. 相机

在智能视觉系统的框架内，相机作为光电转换装置的核心元素，扮演着将光学图像转换成计算机能处理的电信号的重要角色。电荷耦合器件(Charge Couple Device，CCD)与互补金属氧化物半导体(Complemetary Metal Oxide Semiconductor，CMOS)是当前广泛使用的图像传感器类型，其功能集成度高且性能强大。

CCD传感器在智能视觉系统中占主导地位，其集成了光电转换、电荷存储和转移以及信号读取等功能，属于典型的固态成像装置。其特点在于以电荷作为信息载体进行传输，而其他类型的传感器通常使用电流或电压进行运作。光电转换中，CCD将光能转化为电能，并在驱动脉冲的激励下实现电荷移动、放大等功能，最终输出图像信号。通常一个CCD系统集成了传感器单元、时间同步与时序发生器、垂直驱动电路、模/数转换电路和信号处理电路等核心部分，以确保高效且精准的功能执行。

CMOS图像传感器的应用可追溯至20世纪70年代初期，它在技术进步的推动下于20世纪90年代初迅速发展。CMOS图像传感器巧妙融合了光感元件阵列、图像信号放大器、信号读取电路、模/数转换电路等关键组件，这些组件集成在同一芯片内，这种设计不仅简化了硬件架构，提高了空间利用率，还提升了系统的响应速度与灵活性，实现了局部像素的随机访问功能。CMOS图像传感器在多个行业领域中得到了广泛应用。

### 2. 镜头

在智能视觉系统中，图像信息构成了核心内容源，而图像的质量水平则直接受到镜头的影响。镜头可以被视作针孔成像中针孔的现代演绎。尽管两者设计原理相似，但镜头却拥有针孔无法比拟的优势：它的尺寸要大得多，这意味着在相同的单位时间内镜头可以捕获更多光线，从而使得相机能在较短的时间内实现适当的曝光；同时，镜头还能够聚集光线并投射到传感器或胶片上形成高清晰度的影像。

值得一提的是，镜头的质量直接影响着整个智能视觉系统的性能水平，当图像质量因各种因素出现问题时，往往很难通过软件算法完全修正。因此，在设计与搭建智能视觉系统的过程中，选择并安装合适的镜头是一项至关重要的工作，它不仅关系到信息采集的效率和准确性，也直接决定了系统整体性能的表现。

**3. 光源**

在智能视觉系统领域内，照明的选择与优化是实现高质量图像捕捉和增强系统性能的关键因素。由于环境光照条件、任务需求(如精度要求、能见度需求)存在显著差异，因此不同应用场景需要灵活运用定制化的照明方案。在工业智能视觉系统中，可见光源常为首选光源，这主要归因于其具有易于获取、成本低廉且操作便捷等优势。典型的可见光源包含白炽灯、荧光灯、汞灯与钠灯等。然而，此类光源的一大局限在于其无法提供稳定的光强。例如，日光灯在最初的 100 小时内可能减少 15%的输出光强，并且随使用时间延长，输出光强会持续下降。因此，在实际应用中保持照明稳定性是一项迫切需要解决的问题。此外，环境光线变化可能会干扰光源对物体的照射，导致图像数据内噪声增加。通常情况下，安装防护罩因能减轻外部光线的影响而成为常用策略。为缓解上述问题，现今工业实践中，高精度检测任务可采用红外光、紫外光或 X 射线等不可见光源。

## 1.2.2 图像处理单元

图像处理单元负责接收并处理收集到的视觉数据，提取信息并执行分析与识别任务，最终获得所需的度量结果或逻辑控制参数。这一系列过程通过智能视觉软件来实现。专为智能视觉系统设计的软件通常涵盖了图像增强、分割、特征抽取、模式识别和图像压缩以及传输等多个关键算法环节，并可能集成了数据存储及网络通信的能力。

目前市场上流行的智能视觉软件大致分为两类：专用型和集成型。专用型软件针对特定测试任务进行了深度定制，其功能专一且针对性强，但缺乏广泛适用性。相比之下，集成型软件提供了一个灵活的平台，内含丰富的图像处理和模式识别算法库，允许用户根据实际需求自定义功能模块组合，以高效便捷的方式构建个性化的视觉检测解决方案。

未来智能视觉软件发展的两大趋势是高性能与可配置。一方面，智能视觉软件不再单纯追求多功能性，而是聚焦于提升检测算法的准确性和效率，优秀的软件能够快速且精确地识别图像中的特征，并最大限度减少对硬件资源的需求。另一方面，软件正从定制化转向通用的可视化组态方式。鉴于图像处理算法的一致性与可复用性，将多个工具进行组合应用可以迅速实现各类工业测量、检测及识别。

## 1.3 视觉技术应用领域及产业发展面临的问题

视觉技术当前已经广泛应用于多个领域，作为新质生产力发展的重要赛道，它融合了物联网、大数据、云计算、边缘计算、半导体等多层次多平台的基础技术，涵盖了安防、工业、自动驾驶、医学、虚拟现实等各种特定应用场景，其发展具有广泛性、融合性、高附加值和战略性等特点。在工业自动化领域，视觉技术用于产品质量检测、机器人视觉引导、远程监控等，推动了生产力的提高和进步；在农业领域，视觉技术能够进行动物监测、作物监测、开花检测、种植园监测、灌溉管理和无人机农田监控；在医疗保健领域，视觉技术可以辅助医学影像分析，帮助医生进行疾病诊断；在交通运输领域，视觉技术能够用于车辆检测、交通流量监控和行为分析，帮助车辆进行智能驾驶，实现自动化的物流运输和配送；在安全监控领域，人脸识别和行为分析在提高安全监控的准确性和效率方面发挥了巨大作用。

当前，视觉产业在高精度光学成像、3D视觉检测技术、嵌入式视觉系统、智能视觉技术等领域呈现出强劲的发展态势，我国视觉产业发展拥有巨大的机遇，同时也面临不小的挑战。我国需要攻坚克难、找准技术和市场细分赛道，在新质生产力发展的旗帜下，高质量推动智能视觉产业取得发展新突破。总的来说，我国视觉产业的发展主要面临以下问题：

(1) 国外高端技术封锁。西方国家利用技术优势，对我国智能视觉领域核心技术进行封锁，特别是针对半导体高端芯片及其制造设备进行封锁禁售，并在图像传感器、核心算法基础框架上对我国视觉产业严防死守。同时，由于我国视觉技术起步晚、基础薄弱，在高端视觉技术研发上存在先天短板，导致我国在高端视觉技术发展上与发达国家还有很大差距。

(2) 市场竞争格局失衡。智能视觉国际高端市场主要被美、德、日品牌占据，其中美国Cognex及日本Keyence两大巨头几乎垄断全球60%的市场份额。视觉产业是高技术密集型产业，涉及人工智能、计算科学、图像处理、模式识别、传感器、机械及自动化和生物学等领域，参与方需要在技术、人才、客户、品牌、规模等方面有一定的积累才能进入市场，同时新进入市场后需要较长时间才能获得足够的认可。未来，国内企业必须在核心技术和整合能力方面提高其竞争力和市场占有率。

(3) 数据安全面临挑战。视觉产业的发展高度依赖数据要素，因此我国必须在数据收集、存储和使用的全链条中突出法治化和规范化。尽管信息采集和应用具备高度的隐秘性和私密性，但是借助于卓越的数据分析工具，广大用户实际上已成为“透明人”。由此，原本仅限特定人群掌握的信息数据，变为一定意义上的公开信息。这在给数据使用者提供便利的同时，也给消费者隐私安全甚至国家安全带来了重重隐患。因此未来视觉产业在数据资源整合共享和开发利用、数字经济与数字规划和建设、公共数据和数据基础制度以及基础设施建设等方面任重道远。

## 1.4 本章小结

本章围绕视觉技术展开，介绍了其研究现状，内容涵盖相机参数标定、基于数字图像相关技术的变形测量等方面；此外，本章还阐述了智能视觉系统构成，其包括图像采集单元与图像处理单元；最后，本章列举了视觉技术应用领域及产业发展面临的问题，对视觉技术的发展提出了建议。

# 第 2 章 目标特征识别、匹配与编码

目标特征识别、匹配与编码是立体视觉精确检测与量测的基础。本章聚焦于图像特征的处理，通过特征识别与提取、匹配以及特征点编码三个主要部分，阐述图像特征的基本处理方法，为视觉检测与量测技术知识的构建搭建基础。

## 2.1 特征类型概述

特征是人们对图像感兴趣的部分。根据应用的不同，人们需要从图像的区域、轮廓等信息中确定一个或多个量，这些确定的量就是特征。它可以是图像本身的结构(如点、边缘、对象)，也可以是通过算法获取到的图像信息。

图像特征可以分为以下两大类：

(1) 自然特征：图像本身具有的内在特征，如颜色、边缘、角点、区域、脊等。

(2) 人为特征：为了便于对图像进行分析和处理，通过一定的方法挖掘得到的图像特征，如灰度直方图、频谱等。

图像特征的描述主要由以下两个部分构成：

(1) 关键点(Keypoint)：图像中具有独特性质的位置或特征点，这些点通常能够提供关于图像内容的显著信息，并且在空间坐标系下易于定位。

(2) 描述子(Descriptor)：能够用于表征特定特征的数学表示或向量。这些描述子被设计用来捕捉特征周围环境的特性，并且能够实现对相似性的量化评估。

一个优质的描述子应具备以下特性：

(1) 不变性：特征在图像缩放、旋转等变换下保持不变。

(2) 鲁棒性：能够抵抗外部因素的影响(如图像变换、光照变化、噪声等)，从而保持其特征的稳定性和一致性，以确保在不同条件下特征仍然可以准确匹配和识别。

(3) 可区分性：在相似性度量上具有明显的区别且具有排他性，与其他描述子的相似性很低。

设计描述子的核心原则在于确保视觉上相近的特征会生成等同或相似的描述子。换言之，一旦两个关键节点的描述子在向量空间内足够接近，则有理由判断其为同一特征。

在众多视觉处理任务中，识别并定位两个不同图像内相同或相似对象的关键挑战在于实

现精确而高效的特征匹配。图像在计算机中是以灰度像素矩阵的形式存在的，但是单纯利用图像的灰度值找出两幅图像中的同一物体是远远不够的。为了能够实现图像特征匹配，需要选择图像中具有代表性的对象，例如：图像中的角点、边缘和一些特征明显的区块等。

## 2.2 特征识别与提取

### 2.2.1 基于筛选区域线段重组的长方体精确提取算法

在视觉检测领域，精准提取长方体边缘尤为困难，这是因为缺乏特定曲线模型为其提供结构描述，使得在实际处理过程中，无法直接依据数学方程式推导出长方体的参数值。另外，长方体在成像时表现出的复杂性也给长方体精确提取带来极大困难。本节提出了一种基于筛选区域线段重组(Screening area Line-segment Recombination，SLR)的长方体精确提取算法，以实现工业长方体边缘的快速和稳定提取。

**1. 线段特征聚类**

在长方体边缘提取的流程中，线段检测扮演着核心角色。图像中的线段由一系列像素点构成，每条线段都具备两个关键特征：长度和斜率。长方体边缘提取常利用线段的斜率这一特征作为关键指标，以判定多条线段是否共线。此外，在对线段进行评估时，其长度也被视作一项重要参数，用以衡量线段判定的可靠性。相对于较长的线段，较短的线段则被可能认为是潜在噪声。然而，物体边缘的损伤可能导致检测到的线段呈现不连续，故仅依据长度来判断可能会忽略重要信息。因此，本节通过结合长度和斜率的信息来筛选和排除不相关的线段。假设获取到的线段集 $\phi_{\mathrm{D}}=\{L_1,L_2,\cdots,L_N\}$。对于第 $n$ 条线段有

$$L_n=\{(x_{n_s},y_{n_s}),(x_{n_e},y_{n_e})\}=(\mu_{n_s},\mu_{n_e}) \tag{2-1}$$

其中，$(\mu_{n_s},\mu_{n_e})$ 为线段端点坐标。

考虑到可能存在部分线段斜率无穷大的情况，因此在初始阶段无法求取精确斜率值。为解决这一问题，此处引入一个误差项 $\delta$ 来界定准斜率的概念。准斜率 $k_{L_n}$ 和线段长度 $l_{L_n}$ 的计算公式为

$$\begin{cases} k_{L_n}=\dfrac{y_{n_e}-y_{n_s}}{x_{n_e}-x_{n_s}+\delta} \\ l_{L_n}=[(x_{n_e}-x_{n_s})^2+(y_{n_e}-y_{n_s})^2]^{1/2} \end{cases} \tag{2-2}$$

面对不同物体尺寸的显著差异，人为设定一个通用阈值以区分各类对象存在难度。因此本节采用聚类分析作为初步筛选策略。这一方法将 $N$ 条线段依据 $k_{L_n}$ 的值划分为 $M$ 组类别，以实现对数据的有效分层和简化处理，即

$$\phi_D = \{L_1, L_2, \cdots, L_N\} = \{G_1, G_2, \cdots, G_M\} \tag{2-3}$$

其中，$G$ 为线段集，其中包含了多条线段。为全面评估每一类线段的独特性质和相关特征，定义评分函数 score，对每一种类型的线段计算相应的值：

$$\text{score}_m = \sum_{L \in G_m} l_L = \sum_{L \in \text{cluster}(k_L)} l_L \tag{2-4}$$

在式(2-4)中，符号 cluster(·)代表了聚类操作。该操作首先计算每一群组内的所有线段长度之和，并以此作为聚类的指标。然后将 $\text{score}_m$ 降序排列，取得分最高的 $\max([M/3]+1,2)$个线段集 $G_m$ 组成新的线段集 $\phi_C$。值得一提的是，在这一过程中，特征聚类扮演的是预处理的角色，其主要目标是优化系统的运行性能并减少后续精确识别阶段的工作负荷。基于此，在该阶段选择其他数量的线段也能取得一定的效果，但必须确保所选数量足够多，以避免排除掉有价值的线段。这里所提出的 $\max([M/3]+1,2)$是基于大量实验结果得出的经验性建议，即在 $M<5$ 时取得分最高的 2 个线段集 $G_m$，否则按 $[M/3]+1$ 的数量取线段集 $G_m$。

**2. 基于筛选区域自适应权重的线段连接**

在长方体边缘提取中，一个长的边可能由多条线段通过组合和拼接构成。因此，必须对检测到的线段进行分类和连接。为了实现连接，不仅要评估单条线段是否符合预设的形态或长度参数，还要确保各线段在空间上和方向上是连贯一致的，因此需要设定一定的条件：

(1) 连续性条件：两条线段端点之间的距离必须足够接近，以确保它们在空间上的连续性。

(2) 一致性条件：两条线段之间的夹角必须小于一个预设的容忍角度阈值，以保证方向上的一致性。

在对线段集进行分析时，对于其中的每一条线段，要检查其是否至少与另一条线段满足连续性条件。同时，一条线段必须与线段集中的所有其他线段都满足一致性条件，即

$$\begin{cases} \forall L_i, L_j \in \phi_C \\ \text{distance}(L_i, L_j) = \min\{|\overrightarrow{\mu_{i_s}\mu_{j_s}}|, |\overrightarrow{\mu_{i_s}\mu_{j_e}}|, |\overrightarrow{\mu_{i_e}\mu_{j_s}}|, |\overrightarrow{\mu_{i_e}\mu_{j_e}}|\} \\ \text{angle}(L_i, L_j) = \min\{\theta_{ij}, \pi - \theta_{ij}\} \; and \; \theta_{ij} = \arccos\left(\dfrac{\overrightarrow{\mu_{i_s}\mu_{i_e}} \cdot \overrightarrow{\mu_{j_s}\mu_{j_e}}}{|\overrightarrow{\mu_{i_s}\mu_{i_e}}| \, |\overrightarrow{\mu_{j_s}\mu_{j_e}}|}\right) \end{cases} \tag{2-5}$$

如果在筛选区域内存在多条线段同时满足这些条件，则采用投票机制，选择包含最多像素点的线段作为代表，这种自适应选择的示意图如图 2-1 所示。这种分组和连接策略确保了边缘提取的准确性和鲁棒性，同时提高了后续处理步骤的效率。具体算法如算法 2-1 所示。

像素点的投票机制

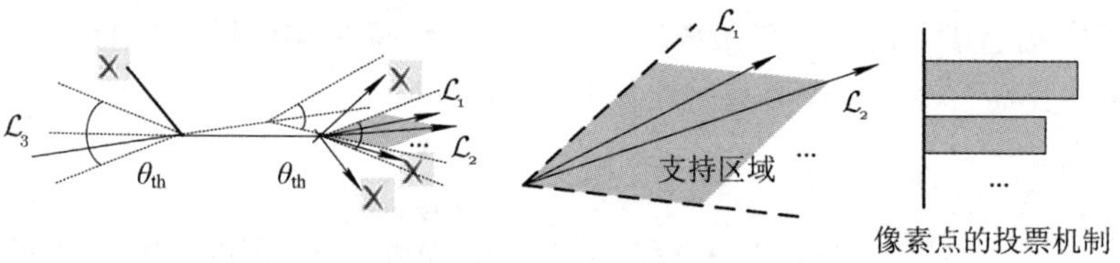

图 2-1 筛选区域线段自适应选择

## 算法 2-1 线段自适应选择算法

**Input**：Clustered line segment set，$\phi_C$；Angle tolerance，$\theta_{th}$；Distance tolerance $d_{th}$；Status where line segment used，$S$；

**Output**：Line-support groups $\phi_G$；

1：Initialize groups $\phi_G = \varnothing$ and $g = \varnothing$；

2：Choose the first line segment $L_1$；

3：Update $g_1 = \{L_1\}$；

4：Update $\phi_G = \phi_G \bigcup g_1$；

5：**Repeat** $L_i$ in $\phi_C$；

6：Choose a line segment $L_i$ which satisfies $S(L_i) \neq$ used from $\phi_C$；

7：**Repeat** $g_i$ in $\phi_G$：

8：**If** $\exists L \in g_i$ s.t. distance$(L, L_i) < d_{th}$ and $\forall L \in g_i$ s.t. angle$(L, L_i) < \theta_{th}$；

9：Update $g_i = g_i \bigcup L_i$；

10：$S(L_i) =$ used；

11：**Else**：

12：**Continue**；

13：**If** $S(L_i) \neq$ used；

14：$g_{i+1} = \{L_i\}$；

15：Update $\phi_G = \phi_G \bigcup g_{i+1}$；

16：**Else**：

17：**Continue**；

18：**Until** every line segment is traversed；

19：**Return** $\phi_G$

经过选择后，线段被按照连续性和一致性条件分为不同的线段集，每个线段集包含一条以上的线段。而在工业图像中，由于噪声、磨损、划痕、光照等多方面的影响，线段集的数量通常会多于视野中长方体边缘的数量。因此需要对筛选后的线段集进行排序，确定每一个线段集是长方体边缘的可能性。研究中发现，在针对长方体边缘的粗提取过程中，由于长方体边缘是主要特征，因此长方体边缘的线段集中的线段总长度通常会大于干扰因素组成的线段集中的线段总长度。对每一个线段集 $g_i$ 中的线段总长度和置信度进行计算，初步以“总长度越大，置信度越高”为依据对线段集进行排序，得到 $\phi_G=\{g_1,g_2,\cdots,g_n\}$，置信度高的线段集为长方体边缘的可能性更大。

上述分类后的任意线段集 $g$ 中包含一条以上的线段，大部分线段集 $g$ 中均无法用一条线段表示完整的长方体边缘。本节通过区域最小二乘法将同一线段集 $g$ 中的线段拟合成一条直线，从而实现对长方体边缘的粗提取。方法为：

(1) 以图像左上角为坐标原点，建立图像坐标系 $uOv$；

(2) 根据线段集中线段的起点 $(u_s,v_s)$ 和终点 $(u_e,v_e)$，确定线段在图像坐标系 $uOv$ 中所在的直线方程 $a\cdot u+b\cdot v+c=0$；

(3) 以线段集为计算区域，依据线段的长度，通过自适应权重的加权最小二乘法将同一线段集 $g$ 中的线段拟合成一条直线，并计算该线段所在的直线方程。

多条线段加权拟合时，得到拟合直线的参数估计值应满足：

$$S=\sum_{i=1}^{n}W_i(v_i-\hat{v}_i)^2 \tag{2-6}$$

即

$$S=\sum_{i=1}^{n}W_i\left(v_i+\frac{a}{b}u+\frac{c}{b}\right)^2 \tag{2-7}$$

式中，$W_i$ 为权重，$S$ 为损失函数。$S$ 取最小值时的 $a$、$b$、$c$ 值即为最终拟合直线的参数。对式(2-7)中的 $\frac{a}{b}$ 和 $\frac{c}{b}$ 分别求偏导即可解得相应的参数，即

$$W_i=\frac{p_i}{\sum_{i=1}^{n}p_i} \tag{2-8}$$

式中，$p_i$ 为线段集 $g$ 中的任意线段长度，$n$ 为线段集 $g$ 中的线段数量，$n$ 和 $p_i$ 的值均由线段检测算法和线段特征聚类结果自适应决定。

经过上述方法拟合后，所有线段集中的线段均被拟合为直线，相应的线段集的置信度为对应线段集拟合得到的直线的置信度。将经拟合得到的所有直线作为初步筛选得到的长方体边缘，记为直线集 $\phi_{PR}$。

**3. 基于置信区域的边缘动态筛选**

初步筛选过后得到的直线集 $\phi_{PR}=\{L_1,L_2,\cdots,L_I\}$ 中，理论上可以包含无数条直线，

实际直线数量未知但有限。对于长方体而言，在视觉成像过程中，无论相机和长方体的相对位置如何，长方体的 12 条边始终无法被同时检测到。根据拍摄视角不同，相机理论上可以检测到长方体的边缘数量为 4 条、7 条或者 9 条，如图 2-2 所示。当相机在某一特定位置时，可能会存在两条边缘接近重合的情况，此时检测的边缘数量应该为 5 条。在实际情况中，对于单个长方体，可以很容易地调整相机拍摄角度，保证长方体有 9 条边缘可以清晰地成像，即图 2-2(d)所示的情况；而当多个长方体同时出现时，无法完全保证所有长方体均以最佳状态成像。另外，对于工业图像，还会存在因光照、复杂环境等的影响而导致部分边缘消失。因此，在进行边缘动态筛选时，边缘数量的阈值范围应该为 4～9，并根据实际成像情况确定。

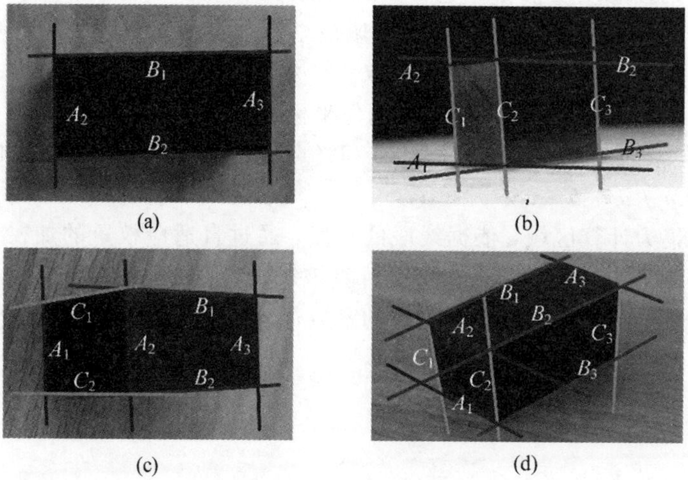


图 2-2　长方体成像情况

工业制造过程中，材料表面会因长期使用而发生自然磨损，表面的锐利特性往往变得不那么显著。在这一背景下，边缘特征识别经常遇到一个挑战，即同一边缘区域可能同时被解析为多条连续线段，而非单一线条，如图 2-3(a)所示。此外，线段连接后也可能会存在部分干扰直线，如图 2-3(b)所示，其中存在重复边缘和干扰直线对长方体的提取产生影响。因此本节通过动态扩展直线的方式对初步筛选得到的直线进行进一步筛选，从而得到精确的长方体边缘。

在筛选时，首先对 $\phi_{PR}$ 中的直线 $L: ax+by+c=0$ 进行干扰直线剔除。通常情况下，相较于长方体的边缘直线，拟合成干扰直线的线段集中的特征线段较少，干扰直线的置信度较低。为了在后续筛选长方体边缘的过程中尽可能降低干扰直线的影响，对 $\phi_{PR}$ 中的直线进行聚类，聚类依据为直线的角度 $\theta_{L_n}$。通常情况下，长方形在成像时表现为任意四边形，但是由于其本质仍然为长方形，因此相应的成像四边形对边的角度差值较小。以此为依据对干扰直线进一步进行剔除，即

$$\forall L_i, L_j \in \phi_{PR}$$

$$\delta\theta_{ij} = \arctan\left(\frac{a_j b_i - a_i b_j}{a_i a_j + b_i b_j}\right) \tag{2-9}$$

在聚类过程中，角度差阈值设置为 $\delta\theta$。若任意两条直线的角度差满足 $\delta\theta_{ij} < \delta\theta$，则其判定为同类直线。聚类剔除了孤立的直线，排除了干扰直线的影响。

干扰直线剔除之后，根据预先设置的直线数量阈值，依据直线的置信度，从 $\phi_{PR}$ 中预选置信度最高的 $n$ 条直线，记为直线集 $\phi_L$。重复边缘直线剔除时，首先对 $\phi_L$ 中的 $n$ 条直线进行特征相似判断，判断依据为直线的角度和截距，建立以图像中心为坐标原点的坐标系 $xOy$，分别计算这 $n$ 条直线的角度和在 $x$ 轴的截距，再计算其中任意两条直线的角度差值和截距差值，并取其绝对值，并与预先设置的阈值 $\delta\theta$、$\delta b$ 比较，若两者计算值同时小于阈值，则判定两条直线相似。相似判断完成后，相似直线被剔除，即相似的直线只留 1 条。在实际选择时，考虑到工业领域工件磨损、损伤以及倒角等常见情况下，实际边缘会处于相似直线之间，因此将相似直线拟合成 1 条直线作为长方体的边缘直线，如图 2-3(c)所示，即对于相似直线 $l_1$：$a_1x+b_1y+c_1=0$ 和 $l_2$：$a_2x+b_2y+c_2=0$，同时满足 $\delta\theta_{l_1l_2}<\delta\theta$，$\left|\frac{a_1c_2-a_2c_1}{a_1a_2}\right|<\delta b$，拟合的直线 $l$：$ax+by+c=0$，其中 $a=(a_1+a_2)/2$，$b=(b_1+b_2)/2$，$c=(c_1+c_2)/2$。相似直线被剔除后，继续计算直线置信度，从直线集 $\phi_{PR}$ 中选择直线递补到直线集 $\phi_L$ 中，直到 $\phi_L$ 中的 $n$ 条直线互不相似，则相似直线的筛选和剔除完成。

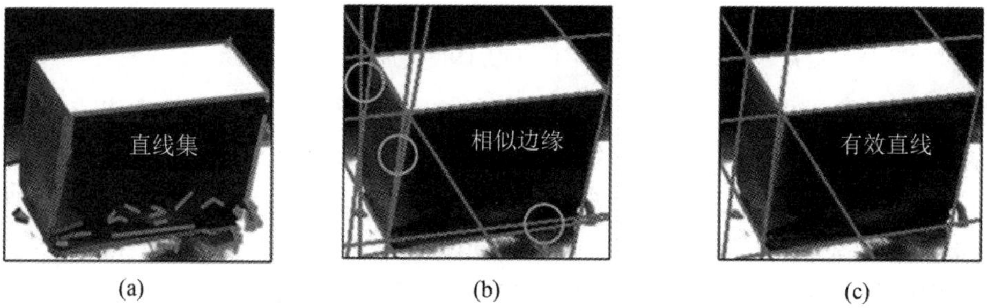


图 2-3　干扰直线剔除和相似边缘选择

**4. 基于空间直线平面相交的顶点选择**

对于提取到的 $n$ 条长方体边缘而言，在实际物体中，同时最多只有 4 条边共面，这与长方形提取相同。但是长方体成像时，在图像坐标系 $uOv$ 中，$n$ 条直线处在相同的平面上，长方体边界的直线具有无限延伸性，会出现两两相交的情况，如图 2-4 (a)所示。在长方体提取时，只有确定长方体的顶点之后，才能完全确定长方体的范围。因此本节提出一种基于空间直线平面相交的顶点选择方法。

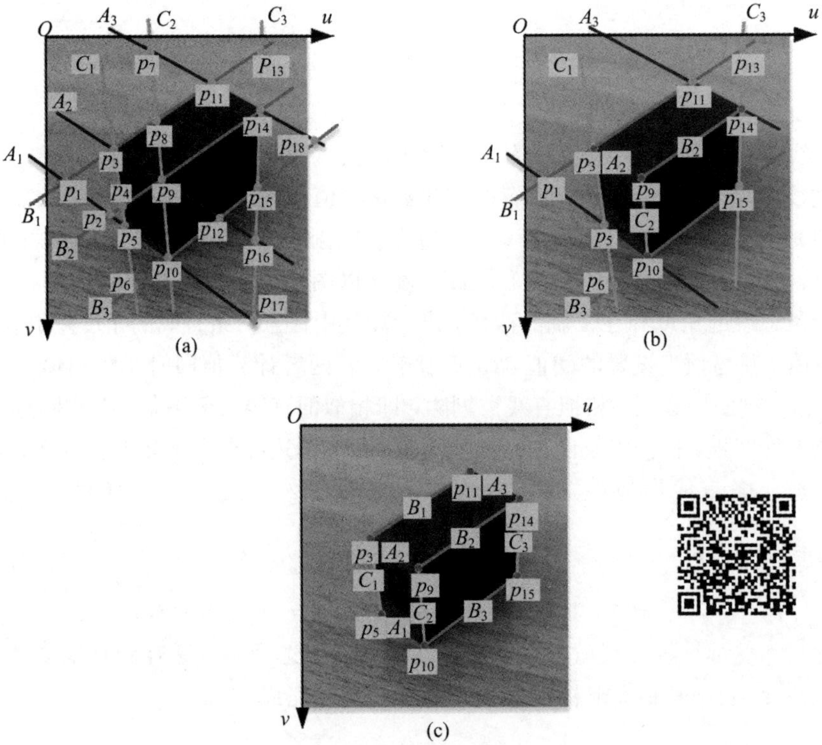


图 2-4 长方体顶点选择

在长方体成像中，长方体的顶点数量与长方体的成像情况有关。长方体成像时可能出现的情况，在图 2-2 中已经进行了说明。图 2-2(a)～(d)对应的长方体顶点数量分别为 4、6、6、7。此处以图 2-2 (d)为例进行说明。提取到的长方体边缘直线具有无限延伸性，但是目标检测后选择的长方形所在的区域有限。因此首先在长方体所在的图像区域建立 $uOv$ 坐标系，则图像区域外的长方体边缘直线的交点必然不可能是长方体的顶点。然后将筛选得到的 9 条边缘直线根据长方体 3 组对边角度的差异划分为 3 类：$\{A_1,A_2,A_3\}$、$\{B_1,B_2,B_3\}$、$\{C_1,C_2,C_3\}$，并依据直线在坐标系中的位置对分类后的直线进行编号，如图 2-4(a)所示。此处对直线编号是为了确定每一类直线中各条直线的次序，编号不影响后续的顶点选择。若任意 $A$、$B$、$C$ 类 3 条直线存在交点，则该点必定是长方体的一个顶点，这是由长方体的性质决定的。例如直线 $A_2$、$B_1$、$C_1$ 相交于同一点 $p_3$，则该点是长方体的一个顶点。同理可确定点 $p_9$、$p_{10}$、$p_{14}$ 也为长方体顶点。此外，由于长方体实际为三维结构，因此任意一条边缘上有且仅有两个点是长方体的顶点。上述确定的顶点中，点 $p_3$ 和 $p_9$、$p_9$ 和 $p_{10}$、$p_9$ 和 $p_{14}$ 分别共线，可以确定其对应的长方体边缘直线分别是 $A_2$、$C_2$、$B_2$，

并可以剔除干扰点 $p_2$、$p_4$、$p_7$、$p_8$、$p_{12}$、$p_{16}$，如图 2-4(b)所示。最后，分别计算已知点之间的距离，依据其他各点到已知点的距离确定剩余的长方体顶点。例如，分别计算 $p_3$ 和 $p_9$、$p_9$ 和 $p_{10}$、$p_3$ 和 $p_{10}$ 之间的距离 $d_{p_3p_9}$、$d_{p_9p_{10}}$、$d_{p_3p_{10}}$，然后分别计算直线 $A_1$ 上存在的其他交点 $p$ 到点 $p_3$、$p_9$、$p_{10}$ 的距离 $d_{pp_3}$、$d_{pp_9}$、$d_{pp_{10}}$，若同时满足 $d_{pp_3} \approx d_{p_9p_{10}}$，$d_{pp_9} \approx d_{p_3p_{10}}$，$d_{pp_{10}} \approx d_{p_3p_9}$，其中距离偏差的判定阈值可以根据目标尺寸进行确定，即可确定该点为长方体的顶点，由此可得点 $p_5$、$p_{11}$、$p_{15}$ 为长方体的顶点。至此，长方体的精确提取完成，如图 2-4(c)所示。

在实际中，由于干扰的存在，长方体的 3 条邻边并不一定完全相交于一点，如图 2-5(a)所示。因此在进行 3 类直线交点的选择时，应预先设定交点筛选阈值 $\rho$，当任意不同类 3 条直线的 3 个交点的像素距离小于预设阈值时，可判定此 3 个交点附近存在长方体的一个顶点，取 3 个交点的中心为长方体的顶点，如图 2-5(b)所示。

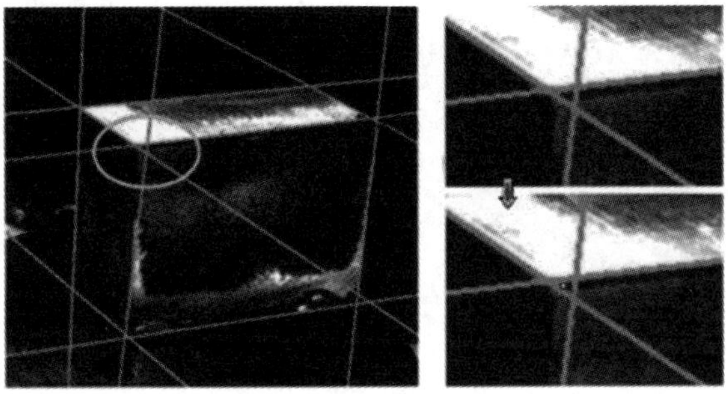

(a) (b)

图 2-5 顶点拟合

针对不同测试环境中提取的目标对象，为提高提取的精度和可靠性，利用上述方法时可以构建一个用于补光的系统与配备有双目相机的图像采集设施，并在实际操作前通过模拟实验进行参数的预设和优化调整，以准确地提取工业用长方体的边缘直线。同时这种方式可以作为特定场景定制物体轮廓的提取方案。

### 2.2.2 椭圆边缘检测与中心点定位

在使用机器视觉系统时，首先要对其进行标定。标定板上经常使用圆形标记点，由于圆形在成像时会被投射成椭圆，所以检测拟合图像中的椭圆就成了标定过程的第一步。而相机标定是进行精确视觉量测的基础，因此椭圆边缘检测与中心点定位在机器视觉系统应用中有重要作用。

圆锥曲线的一般方程为

$$ax^2 + bxy + cy^2 + dx + ey + f = 0 \tag{2-10}$$

其中 $a$、$b$、$c$、$d$、$e$、$f$ 均为参数。令 $\boldsymbol{A}=[a \quad b \quad c \quad d \quad e \quad f]$，$\boldsymbol{X}=[x^2 \quad xy \quad y^2 \quad x \quad y \quad 1]^{\mathrm{T}}$，因此方程(2-10)可以转化为 $\boldsymbol{AX}=0$。

椭圆方程需要在式(2-10)的基础上增加约束：$b^2-4ac<0$。令多项式 $F(x,y)$ 为点 $(x,y)$ 到椭圆的代数距离，$F(x,y)$ 为

$$F(x,y)=\boldsymbol{AX}=ax^2+bxy+cy^2+dx+ey+f=0 \quad \text{s.t.}\ b^2-4ac<0 \tag{2-11}$$

椭圆边缘检测就是要在椭圆上确定与每个轮廓点最接近的点，因此椭圆边缘检测可转化为最小化 $F(x,y)$ 值的问题，即

$$\min\sum_{i=1}^{N}F(x_i,y_i)^2=\min\sum_{i=1}^{N}F(\boldsymbol{AX}_i)^2 \quad \text{s.t.}\ b^2-4ac<0 \tag{2-12}$$

式中，$N$ 为边缘轮廓点的数量。

注意到式(2-11)中的一组参数均为齐次量，即只能定义到一个比例因子，同时椭圆方程需满足约束 $b^2-4ac<0$，只需令 $b^2-4ac=-1$ 便能同时解决这两个问题。$b^2-4ac=-1$ 可以描述为 $\boldsymbol{ACA}^{\mathrm{T}}=1$，其中 $\boldsymbol{C}$ 为一个常数矩阵，即

$$\boldsymbol{C}=\begin{bmatrix}0 & 0 & 2 & 0 & 0 & 0\\ 0 & -1 & 0 & 0 & 0 & 0\\ 2 & 0 & 0 & 0 & 0 & 0\\ 0 & 0 & 0 & 0 & 0 & 0\\ 0 & 0 & 0 & 0 & 0 & 0\\ 0 & 0 & 0 & 0 & 0 & 0\end{bmatrix}$$

定义 $N\times 6$ 矩阵 $\boldsymbol{D}$：

$$\boldsymbol{D}=\begin{bmatrix}x_1^2 & x_1y_1 & y_1^2 & x_1 & y_1 & 1\\ \vdots & \vdots & \vdots & \vdots & \vdots & \vdots\\ x_i^2 & x_iy_i & y_i^2 & x_i & y_i & 1\\ \vdots & \vdots & \vdots & \vdots & \vdots & \vdots\\ x_N^2 & x_Ny_N & y_N^2 & x_N & y_N & 1\end{bmatrix}$$

因此式(2-12)转化为

$$\min(\boldsymbol{DA}^{\mathrm{T}})^2=\boldsymbol{DA}^{\mathrm{T}}\boldsymbol{AD}^{\mathrm{T}} \quad \text{s.t.}\ \boldsymbol{ACA}^{\mathrm{T}}=1 \tag{2-13}$$

根据拉格朗日乘子法，引入拉格朗日因子 $\lambda$，构造拉格朗日函数

$$L(\boldsymbol{D},\lambda)=\boldsymbol{DA}^{\mathrm{T}}\boldsymbol{AD}^{\mathrm{T}}-\lambda(\boldsymbol{ACA}^{\mathrm{T}}-1) \tag{2-14}$$

令式(2-14)的导数为 0，得到

$$\boldsymbol{D}^{\mathrm{T}}\boldsymbol{DA}-\lambda\boldsymbol{CA}=0 \tag{2-15}$$

令 $\boldsymbol{D}^{\mathrm{T}}\boldsymbol{D}=\boldsymbol{S}$，式(2-15)转变为

$$\boldsymbol{SA}=\lambda\boldsymbol{CA} \quad \text{s.t.}\ \boldsymbol{ACA}^{\mathrm{T}}=1 \tag{2-16}$$

求解 $\boldsymbol{SA}=\lambda\boldsymbol{CA}$ 的特征值和特征向量 $\lambda_i$、$\boldsymbol{\eta}_i$，取 $\lambda_i>0$ 对应的特征向量 $\boldsymbol{\eta}_i$，便可得到椭圆参数的解，从而得到椭圆的边缘以及中心点。

### 2.2.3　基于改进 Zernike 矩的边缘定位算法

Ghosal 与 Mehrotra 在文献[79]中，提出了一种开创性的边缘定位算法，该算法巧妙地融合了 Zernike 矩的正交特性和旋转不变性，构建了一个理想化的边缘灰度模型。该算法通过将图像特征与理想模型中的矩参数进行比较，实现对图像边缘的精确定位。然而，该算法的低阶矩特性限制了其在解析复杂场景和捕捉细微差异时的效能，特别是在面对具有丰富纹理变化或边缘轮廓精细程度高的图像时，该算法的适用性较低。为了解决这一问题，文献[80]对原始模型进行了优化，增强了 Zernike 矩的适用性，从而提高了边缘提取的效率，尽管如此，其边缘定位的精度仍有待提升。本节中根据实际的边缘灰度模型，采用扩展的 Zernike 矩模板系数对图像特征的边缘进行亚像素级的精确定位。此外，本节还对边缘定位的条件进行了改进，以提高边缘定位的精度，并确保结果更加贴近实际应用场景。

图 2-6 为 Zernike 矩在边缘定位领域的理论模型。其中，$L$ 为理想边缘；$L$ 两侧的灰度值分别为 $h$ 和 $h+k$，$k$ 代表背景与前景图像之间的灰度差；$l$ 为原点到理想边缘的理论距离；$ab$、$cd$ 表示不同阶次的 Zernike 矩条件下的图像边缘，$l_1$ 为图像坐标系原点 $O$ 到边缘 $ab$ 的距离，$l_2$ 为图像坐标系原点 $O$ 到边缘 $cd$ 的距离。图 2-6(b)为图 2-6(a)旋转角度 $\varphi$ 后的模型。将图像中的每一个像素点坐标映射至一个单位圆内，能够直观地发现，位于直线 $L$ 两侧的像素灰度值会呈现显著差异，而此差异的关键在于，Zernike 矩在单位圆内部展现了理想的边缘特征。Zernike 矩具备构建任意阶数矩的能力，这使得它在图像分析中尤其有用。

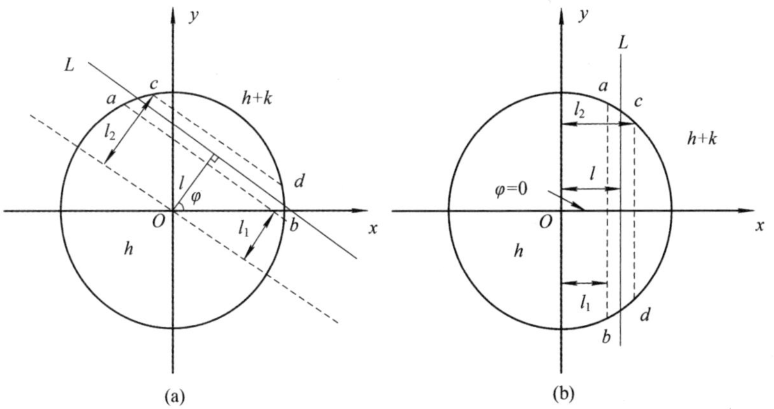


图 2-6　Zernike 矩边缘定位理论模型

二维图像 $f(x,y)$ 的 Zernike 矩可以表示为

$$Z_{nm}=\frac{n+1}{\pi}\iint_{x^2+y^2\leqslant 1} f(x,y)V_{nm}^{*}(\rho,\theta)\,\mathrm{d}x\,\mathrm{d}y \tag{2-17}$$

Zernike 矩的离散形式为

$$Z_{nm}=\frac{n+1}{\pi}\sum_{x}\sum_{y} f(x,y)V_{nm}^{*}(\rho,\theta) \tag{2-18}$$

其中，* 表示复共轭，$V_{nm}(\rho,\theta)$ 是积分核函数，将其转换为极坐标形式：

$$V_{nm}(\rho,\theta)=\sum_{s=0}^{(n-|m|)/2}\frac{(-1)^{s}(n-s)!\ \rho^{n-2s}}{s!\left(\frac{n+|m|}{2}-s\right)!\left(\frac{n+|m|}{2}-s\right)!}\mathrm{e}^{-m\theta \mathrm{i}} \tag{2-19}$$

设将图像旋转角度 $\varphi$ 后的 Zernike 矩为 $Z'_{nm}$，在复数运算规则下，$Z'_{nm}$与旋转前的矩 $Z_{nm}$ 满足：

$$Z'_{nm}=Z_{nm}\mathrm{e}^{-m\varphi \mathrm{i}} \tag{2-20}$$

式(2-20)意味着，一幅图像在经过旋转之后，其 Zernike 矩的模数保持不变。基于这一性质，$V_{nm}(\rho,\theta)$ 的共轭能够对图像边缘进行有效定位。基于图 2-6 所构建的模型，旋转后计算得到 Zernike 矩的具体流程为

$$Z'_{00}=h\pi+\frac{k\pi}{2}-k\arcsin(l)-kl\sqrt{1-l^{2}} \tag{2-21}$$

$$Z'_{11}=\frac{2k(1-l^{2})^{3/2}}{3} \tag{2-22}$$

$$Z'_{20}=\frac{2kl(1-l^{2})^{3/2}}{3} \tag{2-23}$$

$$Z'_{31}=k\left[\frac{4}{5}l^{2}(1-l^{2})^{\frac{3}{2}}-\frac{2}{15}(1-l^{2})^{\frac{3}{2}}\right] \tag{2-24}$$

$$Z'_{40}=k\left[-\frac{2}{5}l(1-l^{2})^{\frac{3}{2}}+\frac{16}{15}l^{3}(1-l^{2})^{\frac{3}{2}}\right] \tag{2-25}$$

解方程组可得

$$\begin{cases} l_{1}=\sqrt{\dfrac{5Z'_{40}+3Z'_{20}}{8Z'_{20}}} \\ l_{2}=\sqrt{\dfrac{5Z'_{31}+Z'_{11}}{6Z'_{11}}} \end{cases} \tag{2-26}$$

$$k=\frac{3Z'_{11}}{2(1-l_{2}^{2})^{3/2}} \tag{2-27}$$

$$h=\frac{Z_{00}-\frac{k\pi}{2}+k\arcsin(l_2)+kl_2\sqrt{1-l_2^2}}{\pi} \tag{2-28}$$

令 $l=\frac{l_1+l_2}{2}$，有

$$\varphi=\arctan\left(\frac{\mathrm{Im}\left[Z_{31}\right]}{\mathrm{Re}\left[Z_{31}\right]}\right) \tag{2-29}$$

确定了图像模型参数 $l$、$k$、$h$、$\varphi$ 后，边缘计算公式可表述为

$$\begin{bmatrix}x_s\\y_s\end{bmatrix}=\begin{bmatrix}x\\y\end{bmatrix}+l\begin{bmatrix}\cos(\varphi)\\\sin(\varphi)\end{bmatrix} \tag{2-30}$$

在式(2-32)中，首先使用 Sobel 算子得到图像中的像素边缘坐标$(x,y)$；随后，通过 Zernike 矩模型对这些边缘进行精细化处理和定位，得到亚像素边缘坐标$(x_s,y_s)$。为了追求更加精确的边缘信息获取过程，并减少因使用 Zernike 矩模板而可能引入的计算误差，式(2-30)可转换为

$$\begin{bmatrix}x_s\\y_s\end{bmatrix}=\begin{bmatrix}x\\y\end{bmatrix}+\frac{Nl}{2}\begin{bmatrix}\cos(\varphi)\\\sin(\varphi)\end{bmatrix} \tag{2-31}$$

其中矩模板大小为 $N\times N$。

在图像采集阶段，相机受到外部照明条件和光学成像系统等因素的影响，图像中边缘区域的灰度值通常会呈现出渐变特性，特别是在前后景的分界处尤为明显。实际上，这一效应是光源强度分布卷积的结果，其使得边缘区域的灰度值呈现出均匀分布的现象。理论上，图像边缘附近的灰度分布符合高斯函数模型。然而，单纯依赖理论模型来估算边缘位置往往存在误差。基于以上分析，建立实际的边缘模型如图 2-7 所示(边缘平行于 $y$ 轴的情况)，实际边缘距模型中心的距离为 $l$。

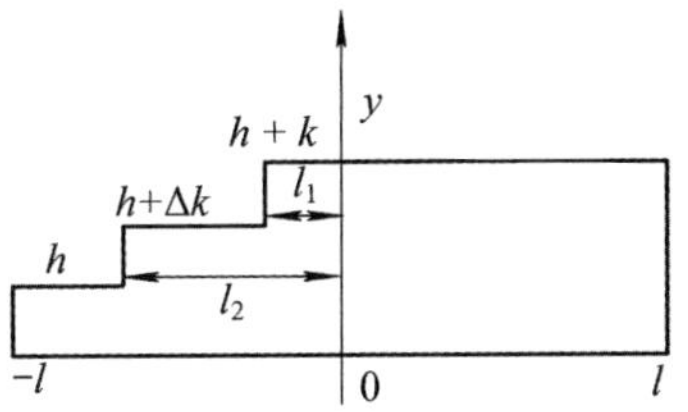


图 2-7 实际边缘模型

基于边缘不同灰度值对应的距离 $l_1$、$l_2$，计算实际边缘点亚像素位置的数学公式为

$$l_r=\frac{Z_{20}}{Z_{11}'}=\frac{(1-\delta)l_2(1-l_2^2)\sqrt{1-l_2^2}-\delta l_1(l_1^2-1)\sqrt{1-l_1^2}}{\delta\sqrt{(1-l_1^2)^3}+(1-\delta)\sqrt{(1-l_2^2)^3}} \tag{2-32}$$

由图像实际边缘模型可知：

$$\frac{\Delta k}{k}=\frac{l_2-l}{l_2-l_1} \tag{2-33}$$

令 $\delta=\frac{\Delta k}{k}$，有 $0\leqslant\delta\leqslant1$，则

$$l=l_2-\delta(l_2-l_1) \tag{2-34}$$

亚像素位置误差 $E$ 为

$$E=l_r-l=\frac{\delta(\delta-1)(1-l_2)\left[\sqrt{(1-l_1^2)^3}-\sqrt{(1-l_2^2)^3}\right]}{\delta\sqrt{(1-l_1^2)^3}+(1-\delta)\sqrt{(1-l_2^2)^3}} \tag{2-35}$$

分析式(2-35)可知，若参数 $\delta$ 取1或0，则相应的 $E$ 值将为零，这意味着在该特定条件下，边缘定位准确无误，不存在任何偏差。然而，当 $E$ 值不等于零时，误差会随着 $l_1$ 和 $l_2$ 的增加而逐渐变大。为了提升边缘定位精度，对实际边缘区域进行亚像素级别的误差补偿：

$$l=l_r-E \tag{2-36}$$

采用式(2-36)对获取到的图像边缘进行补偿能够极大程度地优化边缘的实际定位精度，在此基础上通过式(2-29)能够计算得到更精确的旋转角度 $\varphi$。为了追求更高的精度，可基于 $k\geqslant k_t\cap|l_2-l_1|\leqslant l_t$($k_t$、$l_t$ 为 $k$、$l$ 的阈值)来判定边缘像素点，从而定位到亚像素边缘。

综上，基于改进 Zernike 矩的边缘定位算法步骤如下：

(1) 根据公式 $M_{nm}=\iint\limits_{x^2+y^2\leqslant1}V_{nm}^*(\rho,\theta)\,\mathrm{d}x\,\mathrm{d}y$ 计算模板系数 $\{M_{00},M_{11},M_{20},M_{31},M_{40}\}$，生成卷积模板；

(2) 将生成的卷积模板与图像进行卷积运算，得到图像的矩 $\{Z_{00},Z_{11},Z_{20},Z_{31},Z_{40}\}$；

(3) 通过式(2-29)，在步骤(2)的基础上计算出图像边缘的角度 $\varphi$；

(4) 使用式(2-26)计算 $l_1$、$l_2$，并在此基础上进一步求解 $l$、$k$、$h$ 等；

(5) 根据是否满足 $k\geqslant k_t\cap|l_2-l_1|\leqslant l_t$，判定图像中的像素点是否为边缘点。如果满足，继续使用式(2-30)完成实际边缘位置坐标值的计算；否则，返回步骤(3)，并选择另一潜在边缘像素点继续执行迭代计算。

### 2.2.4 椭圆中心点坐标偏差修正与补偿

如图2-8所示的小孔成像透视模型中，相机坐标系设为 $O_cX_cY_cZ_c$($O_c$ 为相机光心)，其成像平面为 $\pi_2$。一个空间圆圆心为 $O_1$，所在平面为 $\pi_1$。由于投影作用，空间圆经过透视投影后在成像平面 $\pi_2$ 上转变为椭圆。设该椭圆的长轴为 $AB$，直线 $O_cO_1$ 与 $AB$ 相交于 $O_2$，

直线 $O_cA$ 和直线 $O_cB$ 分别与空间圆所在平面 $\pi_1$ 相交于 $C$、$D$ 两点，则 $C$、$D$ 位于空间圆的边缘上。针对成像椭圆中心点坐标偏差修正与补偿，分情况进行讨论。

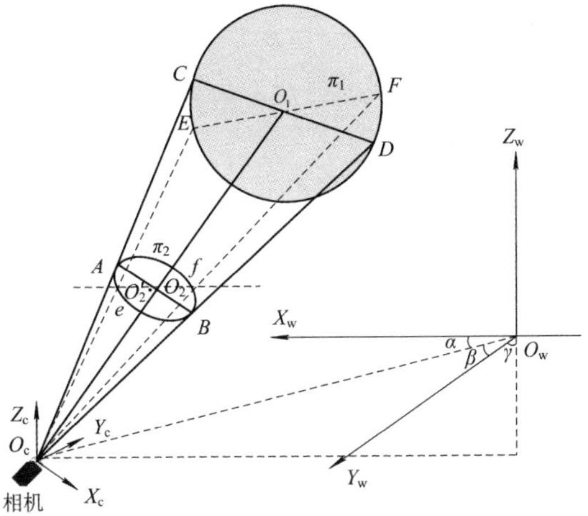


图 2-8 小孔成像透视模型

### 1. $AB$ 是空间圆的投影直径

此时，$O_2$ 为空间圆投影圆心。若 $AB \parallel CD$，根据几何关系可得：$\frac{O_cO_2}{O_cO_1}=\frac{AO_2}{CO_1}$，$\frac{O_cO_2}{O_cO_1}=\frac{O_2B}{O_1D}$，由此可以得到$\frac{O_2B}{O_1D}=\frac{AO_2}{CO_1}$，进一步得到 $AO_2=O_2B$，说明此时不存在圆心偏差。若 $AB \nparallel CD$，则 $AO_2 \neq O_2B$，说明 $O_2$ 并非投影圆心。假设真实的投影圆心为 $O_2'$，必然存在 $AO_2'=O_2'B$，因此 $O_2$ 与 $O_2'$ 之间必然存在偏差，即圆心投影误差。

### 2. $AB$ 不是空间圆的投影直径

在此情况下，空间圆圆心 $O_1$ 在相机成像平面 $\pi_2$ 上的投影点偏离 $AB$，因此与成像椭圆中心点不重合，导致存在偏差。

原本为圆形的目标经过透视投影转变为一个椭圆，此时，根据投影变换关系，该椭圆中心点$(x_0,y_0)$和真实的空间圆投影圆心$(x_0',y_0')$的计算如下：

$$\begin{cases} x_0=\dfrac{2(n^2+p^2-\eta_i^2e^2)(2mw+2oq-2\eta_i^2df)-(2mn+2op-2de\eta_i^2)(2nw+2pq-2\eta_i^2ef)}{(2mn+2op-2de\eta_i^2)^2-4(m^2+o^2-\eta_i^2d^2)(n^2+p^2-\eta_i^2e^2)} \\ y_0=\dfrac{2(m^2+o^2-\eta_i^2d^2)(2nw+2pq-2\eta_i^2ef)-(2mn+2op-2de\eta_i^2)(2mw+2oq-2\eta_i^2df)}{(2mn+2op-2de\eta_i^2)^2-4(m^2+o^2-\eta_i^2d^2)(n^2+p^2-\eta_i^2e^2)} \end{cases} \quad (2-37)$$

$$\begin{cases} x_0' = \dfrac{nq - wp}{mp - no} \\ y_0' = \dfrac{ow - mq}{mp - no} \end{cases} \tag{2-38}$$

式(2-37)中，$\eta_i$ 为空间圆的半径。其他参数为

$$\begin{cases} a = (r_8 t_y - r_5 t_z),\ b = (r_2 t_z - r_8 t_x),\ c = (r_5 t_x - r_2 t_y),\ m = (a - X_i d),\ n = (b - X_i e) \\ d = (r_5 r_7 - r_4 r_8),\ e = (r_1 r_8 - r_2 r_7),\ f = (r_2 r_4 - r_1 r_5),\ w = (c - X_i f),\ o = (h + Y_i d) \\ h = (r_7 t_y - r_4 t_z),\ j = (r_1 t_z - r_7 t_x),\ k = (r_4 t_x - r_1 t_y),\ p = (j + Y_i e),\ q = (k + Y_i f) \end{cases} \tag{2-39}$$

其中，空间圆目标边缘点在世界坐标系下的坐标为$(X_i, Y_i)$，$r_i(i=1,\cdots,9)$为相机的旋转矩阵参数，$t_i(i=x,y,z)$为平移向量参数。

若空间圆目标平面垂直于相机光轴，则 $x_0 = x_0'$，$y_0 = y_0'$；否则，$x_0 \neq x_0'$，$y_0 \neq y_0'$，在成像平面上过两个点的直线的斜率为

$$k = \frac{y_0' - y_0}{x_0' - x_0} \tag{2-40}$$

将式(2-38)、式(2-39)代入式(2-40)，有

$$k = \frac{(mp-no)(em-nd)(dw-mf) + (oe-pd)(dq-of)(mp-no) -}{(me-nd)(nf-ew)(mp-no) + (oe-pd)(pf-eq)(mp-no) -} \cdot \frac{(me-dn)^2(ow-mq) - (eo-dp)^2(ow-mq)}{(me-dn)^2(nq-wp) - (eo-pd)^2(nq-wp)} \tag{2-41}$$

从式(2-41)可知，斜率 $k$ 与圆半径无关。

上述理论首先对三维空间中圆所成的图像执行高精度的亚像素边缘提取，然后根据设定的圆度判断准则筛选潜在的椭圆边缘，并借助长短轴、拟合中心等额外的信息进行进一步筛选。

为确定成像椭圆的中心，首先找出边缘坐标中距离最远的两点，它们的中点即为所求的成像椭圆中心。接着，计算实际圆心与成像椭圆中心之间的距离，若此距离小于设定阈值，则这两点的中点即为所求的空间圆圆心的实际投影坐标；反之，连接这两点与空间圆成像平面相交，交点设为 $e_{\text{image}}(u_e, v_e)$、$f_{\text{image}}(u_f, v_f)$，设空间圆圆心在成像平面上的实际投影坐标为 $O_{\text{image}}(u_o, v_o)$，进一步根据透视变换中的直线不变性和简比不变性，可以得出

$$\begin{cases} \dfrac{u_o - u_e}{u_f - u_e} = \dfrac{R}{2R} \\ \dfrac{v_o - v_f}{v_f - v_e} = \dfrac{R}{2R} \end{cases} \Rightarrow \begin{cases} u_o = \dfrac{u_e + u_f}{2} \\ v_o = \dfrac{v_e + v_f}{2} \end{cases} \tag{2-42}$$

式中，$R$ 为空间圆的半径。

上述推导可得到一个理论精度更高的点，该点能作为空间圆圆心的实际投影点。

## 2.3　特征点编码

在机器视觉领域，为了提升目标关键特征的识别精度，以及简化多相机系统中同一特征点或区域的定位过程，通常目标物体上会设置一些易于辨识且特征明显的标记，如圆形、十字线、棋盘格角点等。圆形标记因其旋转不变性而备受青睐，这种特性有助于简化定位过程并提升效率。此外，给这些圆形标记赋予编码信息，可以确保每个标记的唯一性，从而在视觉识别中发挥关键作用。

图 2－9 为一种常见的圆形编码带设计的示意图，其由位于中心的目标点和外围的编码带组成，如图 2－9(a)所示。编码带上可以根据需要设置不同位数的编码，码值为二进制 0 和 1，如图 2－9(b)所示。对编码带进行识别检测可计算得到一个编码带对应的二进制码值序列，从而与其他编码带或特征进行区别。

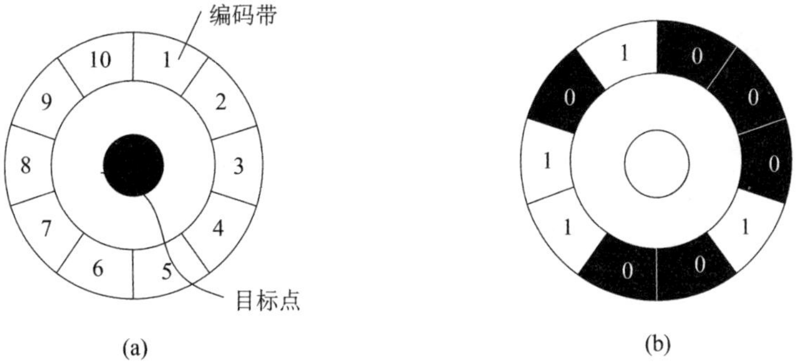


图 2－9　圆形编码圆带设计

基于特定的应用需求，编码带被等分为 $n$ 份，每一份根据颜色(黑色或白色)对应不同二进制数 0 或 1。编码带可以以任意一份作为起始点进行编码，这样可以得到 $n$ 个码值。为了确保每个编码带具有唯一编码，这 $n$ 个码值应按照大小排序，选取其中最小的一个作为该编码带的编号。

图 2－9(b)为一个 10 位编码带的示例图，按照顺时针顺序依次进行编码，共可得到 10 个二进制码，分别为 0001001101、0010011010、0100110100、1001101000、0011010001、0110100010、1101000100、1010001001、0100010011、1000100110。

在以上编码中，0001001101 为最小值。因此，定义该编码标志点的编号为 0001001101（转化为十进制则为 77）。

## 2.4 本章小结

本章主要讨论了特征的基本概念和类型、特征识别与编码等内容，这些内容是视觉检测与量测技术的基础。特征是人们对图像感兴趣的部分，根据不同的应用，完成图像特征的提取是进行视觉量测的基础。本章讲解了长方体顶点和边缘、椭圆边缘与中心点等特征的提取，并介绍了特征匹配和编码技术，这些构成了目标特征检测的基本要素。

# 第3章　立体视觉相机内、外部参数标定

## 3.1　单目相机标定

空间三维物体经过相机映射后会丢失深度信息变为二维图像，要想从这幅二维图像上的一点推算出原空间点的三维坐标，就需要借助相机成像的几何参数来逆向计算三维信息，这些参数就是相机参数。第 2 章中的旋转矩阵 $\boldsymbol{R}$ 和平移向量 $\boldsymbol{T}$ 构成了相机的外部参数，焦距 $f$ 、主点坐标 $u_0$ 和 $v_0$、$\mathrm{d}x$ 和 $\mathrm{d}y$ 等构成了相机的内部参数。相机标定就是根据空间点成像后的像素坐标和其世界坐标，计算得到相机参数的过程。

### 3.1.1　基于径向约束的相机标定

基于径向约束的相机标定方法由 Tsai 提出，因此也叫 Tsai 标定法[81]，它利用成像过程中的径向排列约束标定各参数。Tsai 指出，在相机标定过程中纳入非线性失真因素是必要的，但考虑过多的非线性失真校正则可能带来相反的效果，使得标定精度降低。因此 Tsai 标定法只考虑了径向畸变。

Tsai 标定法的核心思想是径向准直约束(Radial Alignment Constraint，RAC)，如图 3－1 所示。其中，点 $P$ 在世界坐标系、相机坐标系中的坐标分别为$(x_{\mathrm{w}},y_{\mathrm{w}},z_{\mathrm{w}})$和$(x_{\mathrm{c}},y_{\mathrm{c}},z_{\mathrm{c}})$，经投影后所成的像在图像坐标系中的坐标为$(x,y)$，但由于存在镜头畸变，其实际的像点坐标为$(x',y')$。根据第 2 章，$(x_{\mathrm{w}},y_{\mathrm{w}},z_{\mathrm{w}})$和$(x_{\mathrm{c}},y_{\mathrm{c}},z_{\mathrm{c}})$之间的转换关系及$(x_{\mathrm{c}},y_{\mathrm{c}},z_{\mathrm{c}})$和$(x,y)$之间的转换关系分别为

$$\begin{bmatrix} x_{\mathrm{c}} \\ y_{\mathrm{c}} \\ z_{\mathrm{c}} \\ 1 \end{bmatrix} = \begin{bmatrix} \boldsymbol{R} & \boldsymbol{T} \\ 0 & 1 \end{bmatrix} \begin{bmatrix} x_{\mathrm{w}} \\ y_{\mathrm{w}} \\ z_{\mathrm{w}} \\ 1 \end{bmatrix} = \begin{bmatrix} r_1 & r_2 & r_3 & t_x \\ r_4 & r_5 & r_6 & t_y \\ r_7 & r_8 & r_9 & t_z \\ 0 & 0 & 0 & 1 \end{bmatrix} \begin{bmatrix} x_{\mathrm{w}} \\ y_{\mathrm{w}} \\ z_{\mathrm{w}} \\ 1 \end{bmatrix} \tag{3-1}$$

$$s_c\begin{bmatrix}x\\y\\1\end{bmatrix}=\begin{bmatrix}f&0&0&0\\0&f&0&0\\0&0&1&0\end{bmatrix}\begin{bmatrix}x_c\\y_c\\z_c\\1\end{bmatrix}\tag{3-2}$$

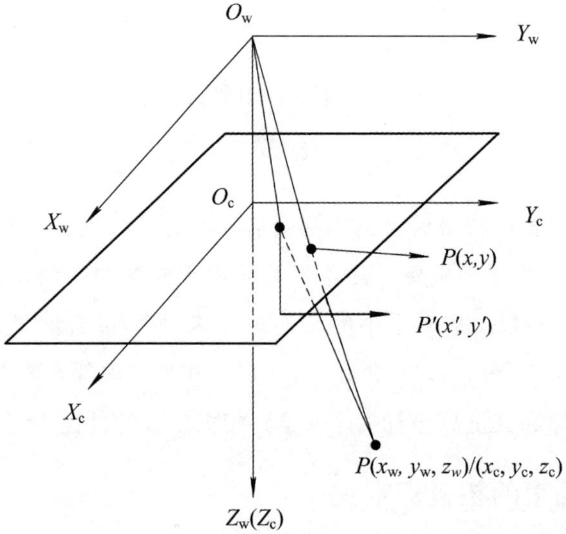


图 3-1 径向准直约束

联立式(3-1)和式(3-2)可以得到由世界坐标系到图像坐标系的转换：

$$s_c\begin{bmatrix}x\\y\\1\end{bmatrix}=\begin{bmatrix}f&0&0&0\\0&f&0&0\\0&0&1&0\end{bmatrix}\begin{bmatrix}r_1&r_2&r_3&t_x\\r_4&r_5&r_6&t_y\\r_7&r_8&r_9&t_z\\0&0&0&1\end{bmatrix}\begin{bmatrix}x_w\\y_w\\z_w\\1\end{bmatrix}\tag{3-3}$$

由于旋转矩阵 $\boldsymbol{R}$ 具有正交特性，即 $\boldsymbol{R}$ 的各列(行)是单位向量且两两正交。因此，若已知 $\boldsymbol{R}$ 的任意两个列向量，则可求出第三个列向量。为了简化求解过程，指定标定靶标平面与世界坐标系的 $X_wOY_w$ 面重合，即 $z_w\equiv 0$，则式(3-3)可以简化为

$$s_c\begin{bmatrix}x\\y\\1\end{bmatrix}=\begin{bmatrix}r_1f&r_2f&t_xf\\r_4f&r_5f&t_yf\\r_7&r_8&t_z\end{bmatrix}\begin{bmatrix}x_w\\y_w\\1\end{bmatrix}\tag{3-4}$$

对于大多数镜头而言，它们的畸变都能够使用径向畸变近似，因此 Tsai 标定法只使用一阶径向畸变，$(x',y')$与$(x, y)$之间的关系为

$$\begin{cases} x = x' + \Delta x = x'(1 + k_1 d^2) \\ y = y' + \Delta y = y'(1 + k_1 d^2) \end{cases} \tag{3-5}$$

其中 $d = \sqrt{x'^2 + y'^2}$ 。

将式(3-4)代入式(3-5)得到

$$\frac{s_c}{t_z}\begin{bmatrix} x' + (x' - u_0)k_1 r^2 \\ y' + (y' - v_0)k_1 r^2 \\ 1 \end{bmatrix} = \mathbf{A}\begin{bmatrix} x_w \\ y_w \\ 1 \end{bmatrix} \tag{3-6}$$

其中，

$$\mathbf{A} = \begin{bmatrix} r_1 f & r_2 f & t_x f \\ r_4 f & r_5 f & t_y f \\ r_7 & r_8 & t_z \end{bmatrix} = \begin{bmatrix} a_1 & a_2 & a_3 \\ a_4 & a_5 & a_6 \\ a_7 & a_8 & a_9 \end{bmatrix}$$

假设标定靶标上有 $N$ 个待标定点，在世界坐标系中的坐标为$(x_{wi}, y_{wi}, 0)$，在图像坐标系中的对应坐标为$(x'_{wi},\ y'_{wi})$，则根据式(3-6)可建立方程组：

$$\begin{cases} a_1 x_{wi} + a_2 y_{wi} + a_3 - [x'_{wi} + (x'_{wi} - u_0)k_1 d_i^2](a_7 x_{wi} + a_8 y_{wi} + 1) = 0 \\ a_4 x_{wi} + a_5 y_{wi} + a_6 - [y'_{wi} + (y'_{wi} - u_0)k_1 d_i^2](a_7 x_{wi} + a_8 y_{wi} + 1) = 0 \end{cases} \tag{3-7}$$

其中，$i = 1, 2, \cdots, N$ ，$d_i = \sqrt{x'^2_{wi} + y'^2_{wi}}$ 。

式(3-7)是一个超定非线性方程组，采用最优化方法求解参数 $k_1$ 以及 $a_1 \sim a_8$。同时，根据式(3-6)得到

$$\begin{cases} a_1^2 + a_4^2 + a_7^2 f = \dfrac{f^2}{t_z^2} \\ a_2^2 + a_5^2 + a_8^2 f = \dfrac{f^2}{t_z^2} \\ a_1 a_2 + a_4 a_5 + a_7 a_8 f^2 = 0 \end{cases} \tag{3-8}$$

将得到的 $a_1 \sim a_8$ 参数值代入式(3-8)可求得 $f$ 和 $t_z$ ，将 $f$ 和 $t_z$ 代入式(3-6)可以得到参数 $t_x$ 、$t_y$ 及 $r_1$、$r_2$、$r_4$、$r_5$、$r_7$、$r_8$。又因为旋转矩阵 $\boldsymbol{R}$ 为正交矩阵，根据正交矩阵性质可求出参数 $r_3$、$r_6$、$r_9$。

### 3.1.2　基于加权差分进化-粒子群优化联合算法的相机参数标定

粒子群优化(Particle Swarm Optimization，PSO)算法是研究人员受到鸟群捕食行为启发而设计的一种智能算法。它设置多个粒子在解空间中进行搜索，这些粒子组成种群且能够记忆最优解，每个粒子在搜索过程中会接收来自其他粒子的信息，随着计算的演进，粒

子最终会聚合于一个最优点。每一个粒子在算法中抽象为一个 $D$ 维向量，为记录其在特定问题域中的状态，将其记作 $\boldsymbol{x}_i=[x_{i1}\ x_{i2}\ \cdots\ x_{iD}]$ $(i=1,2,\cdots,N_p)$，其中 $N_p$ 表示种群的规模。通常而言，种群的规模越大，算法寻优的能力就越强。同时，为了追踪运动动态，每个粒子还携带了另一个 $D$ 维的速度向量作为其移动速率的指示，记作 $\boldsymbol{v}_i=[v_{i1}\ v_{i2}\cdots\ v_{iD}]$。迭代过程中，粒子根据自身当前位置、速度和对问题的适应度来进行更新。具体而言，在每一轮迭代中，粒子会与群体中的其他粒子相互作用，比较自身最佳位置以及整个群体的最优位置，粒子群则通过追踪个体最优和全局最优进行自我更新。在 $D$ 维目标搜索空间中，PSO 算法进行迭代更新的计算公式为

$$\boldsymbol{v}_i(t+1)=w\boldsymbol{v}_i(t)+c_1r_1[\boldsymbol{P}_i(t)-\boldsymbol{x}_i(t)]+c_2r_2[\boldsymbol{P}_g(t)-\boldsymbol{x}_i(t)] \tag{3-9}$$

$$\boldsymbol{x}_i(t+1)=\boldsymbol{x}_i(t)+\boldsymbol{v}_i(t+1) \tag{3-10}$$

其中，$w$ 是惯性权重系数，它调控着算法在全局探索与局部优化间的平衡。若增大该系数，则算法更倾向于全局搜索以发现潜在解；反之，算法更倾向于局部最优解的挖掘。$\boldsymbol{v}_i$ 表示粒子在每一轮迭代中的速度，其值可设定为：$\boldsymbol{v}_i\in[\boldsymbol{v}_{\min},\boldsymbol{v}_{\max}]$。限定速度的最值有助于避免无目标的盲目探索，确保算法效率和性能。$r_1,r_2\sim U[0,1]$是粒子速度的调整系数，它们基于群体和个体的最优解，调节下一轮迭代中粒子的运动速度。$c_1$ 与 $c_2$ 是学习因子，其直接影响粒子在后续迭代中的速度变化，能够增强或减弱搜索的强度。在不断的搜索迭代过程中，粒子通过比较和分析个体最佳位置和整个种群最优位置这两个关键信息，调整其未来的移动方向和速度，以更高效地探索潜在的优化空间，并找到可能更为优异的解。其中，第 $i$ 个粒子当前最优位置 $\boldsymbol{P}_i(t)(i=1,2,\cdots,N_p)$的更新方法为

$$\boldsymbol{P}_i(t+1)=\begin{cases}\boldsymbol{P}_i(t), & \mathrm{fit}(\boldsymbol{x}_i(t+1))<\mathrm{fit}(\boldsymbol{P}_i(t))\\ \boldsymbol{x}_i(t+1), & \mathrm{fit}(\boldsymbol{x}_i(t+1))\geqslant\mathrm{fit}(\boldsymbol{P}_i(t))\end{cases} \tag{3-11}$$

整个粒子群当前的全局最优位置 $\boldsymbol{P}_g(t)$可以表示为

$$\boldsymbol{P}_g(t)\in\{\boldsymbol{P}_1(t),\boldsymbol{P}_2(t),\cdots,\boldsymbol{P}_{N_p}(t)\,|\,\mathrm{fit}(\boldsymbol{P}_g(t))=\min_{\mathrm{best}}\{\mathrm{fit}(\boldsymbol{P}_1(t)),\mathrm{fit}(\boldsymbol{P}_2(t)),\cdots,\mathrm{fit}(\boldsymbol{P}_{N_p}(t))\}\} \tag{3-12}$$

在 PSO 算法中，终止迭代的条件通常由设定的最大迭代次数和适应度阈值来确定。该算法在迭代的早期阶段表现出较高的效率和广泛的适用性，但随着迭代的深入，其收敛速度可能会逐渐减缓。

在相机参数标定的应用中，需要注意的是，尽管搜索空间是九维的，但在应用 PSO 算法的适应度函数时，过量参数可能导致求解过程的不稳定性。换言之，在多信息视觉量测系统中执行相机参数标定任务时，并非采用高阶畸变系数模型就能确保更高的精确性。

鉴于传统 PSO 算法存在易陷入局部最优解的问题，本节将加权差分进化(Weighted Differential Evolution，WDE)算法应用于相机参数标定。该算法旨在通过优化重投影误差

来寻找全局最优解，从而在局部与全局搜索之间取得平衡。

设种群个数 $i_0=[1:2N_p]$，粒子个体的维数 $j_0=[1:D]$，其中 $i_0,j_0\in\mathbf{Z}^+$。记 $i=[1\ \cdots\ \tau\ i^*\ \cdots\ N_p]\in\mathbf{Z}^+$，则种群 $\boldsymbol{P}_{(i_0,j_0)}$ 初始化为

$$\boldsymbol{P}_{(i_0,j_0)}\sim\boldsymbol{U}(\mathrm{low}_{(j_0)},\mathrm{up}_{(i_0)})\mid(\underbrace{2N_p}_{\text{rows}},\underbrace{D}_{\text{colums}})\leftarrow\mathrm{size}(\boldsymbol{P})\tag{3-13}$$

式中，$N_p$ 是算法中种群的规模，即粒子的总数；$D$ 代表粒子属性的维数；$\boldsymbol{U}$ 代表参数在初始状态下的取值范围；$\mathrm{low}_{(j_0)}$ 和 $\mathrm{up}_{(i_0)}$ 分别是参数的下限值和上限值。

种群 $\boldsymbol{P}_{(i_0)}$ 的最小适应度值可以通过最小目标函数 $F$ 计算：

$$\mathrm{fit}(\boldsymbol{P}_{(i_0)})=F(\boldsymbol{P}_{(i_0)})\tag{3-14}$$

执行 WDE 算法时，首先需要构建子种群，即在数量为 $2N_p$ 的种群中随机选择一半作为新的子种群 $\boldsymbol{P}_{\mathrm{Sub}}$，$\boldsymbol{P}_{\mathrm{Sub}}$ 的规模为 $N_p$，个体的维度仍然为 $D$。子种群 $\boldsymbol{P}_{\mathrm{Sub}}$ 的构建方法为

$$\boldsymbol{P}_{\mathrm{Sub}}=\boldsymbol{P}_{(k)}\mid\{\xi=j_{(1:N_p)}\}\mid j=\mathrm{randperm}(1:2N_p)\tag{3-15}$$

其中，randperm(•) 能够打乱元素的顺序，完成对个体元素索引的重新随机排列。

随机选取的子种群 $\boldsymbol{P}_{\mathrm{Sub}}$ 的目标函数值为

$$\mathrm{fit}(\boldsymbol{P}_{\mathrm{Sub}})=\mathrm{fit}(\boldsymbol{P}_{(\xi)})\tag{3-16}$$

在 WDE 算法的每一代迭代演进过程中，加权运算会产生临时种群信息 $\mathrm{Temp}\boldsymbol{P}_{\mathrm{index}=1:N}=\begin{bmatrix}\mathrm{Temp}\boldsymbol{P}_1\\ \cdots\\ \mathrm{Temp}\boldsymbol{P}_N\end{bmatrix}$，计算方法为

$$\mathrm{Temp}\boldsymbol{P}_{\mathrm{index}}=\sum(w\odot\boldsymbol{P}_{(l)})\tag{3-17}$$

其中：$l$ 表示通过随机排列后索引号在$(N_p+1:2N_p)$范围内的个体编号；运算符$\odot$表示矩阵间的 Hadamard 乘积；对于 index 则有 $\mathrm{index}=1:N_p$，$\mathrm{index}\in\mathbf{Z}^+$。

此外，权重系数矩阵可以表示为

$$\boldsymbol{w}=(\xi^3_{(N)}\mid[N_p,1]=\mathrm{size}(\boldsymbol{w}^*))\times[1]_{(1,D)}\tag{3-18}$$

其中，$\boldsymbol{w}^*$ 的更新方法为 $\boldsymbol{w}^*:=\dfrac{\boldsymbol{w}^*}{\sum\boldsymbol{w}^*}$。

变异过程中，二值映射矩阵 $\boldsymbol{M}$ 初始化为 $\boldsymbol{M}_{(1:N_p,1:D)}=\boldsymbol{O}$。在每个迭代循环过程中矩阵 $\boldsymbol{M}$ 的更新方法为

$$\boldsymbol{M}_{(\mathrm{index},J)}:=1\tag{3-19}$$

其中，$J=V(1:\lceil H\times D\rceil)\mid V=\mathrm{randperm}(j_0)$，$\lceil\ \rceil$表示向上取整。$H$ 的选择方法为

$$\text{If }\alpha<\beta\text{ then }H=\tilde{k}^3_{(1)}\text{ else }H=1-\tilde{k}^3_{(1)}\tag{3-20}$$

其中，$\alpha,\beta\sim U(0,1)$；$\tilde{k}_{(.)}\sim U(0,1)$ 且 $\tilde{k}_{(.)}\neq 0$；运算符$(\cdot)=\mathrm{size}(\tilde{k}_{(.)})$，保证维数一致。

缩放因子 $F$ 作为控制种群进化速率的核心参数，在全局优化过程中扮演着至关重要的

角色。理论上而言，$F$ 可以在正实数范围内取任意值。然而，在实践中，通常推荐的 $F$ 值不大于 1。调整 $F$ 的数值可以显著影响算法的性能特性：较小的取值能够增强算法局部搜索能力，而较大的取值有助于防止算法陷入局部最优解，从而避免过早收敛。在 WDE 算法的具体应用中，生成 $F$ 的方法为

$$\begin{cases} \text{if } \alpha < \beta \quad \text{then} \quad F = [\lambda^{3}_{(D)}]' \quad [\underbrace{1}_{\text{rows}}, \underbrace{D}_{\text{colums}}] = \text{size}(F) \\ \qquad\qquad \text{else} \quad F = (\lambda^{3}_{(N_p)} \times \Delta) \quad [\underbrace{N_p}_{\text{rows}}, \underbrace{D}_{\text{colums}}] = \text{size}(F) \end{cases} \tag{3-21}$$

其中，$\Delta = [1]_{(1,D)}$，$\lambda_{(\cdot)} \sim N(0,1)$ 服从标准正态分布。

WDE 算法中，变异向量 $\boldsymbol{\Psi}$ 的计算方法为

$$\boldsymbol{\Psi} = \boldsymbol{P}_{\text{Sub}} + F \odot \boldsymbol{M} \odot (\text{Temp}\boldsymbol{P} - \boldsymbol{P}_{\text{Sub}(m)}) \mid m = \text{randperm}(i) \tag{3-22}$$

其中，$m \neq [1:N_p]$。

$\boldsymbol{P}_{\text{Sub}}$ 和 $\text{fit}(\boldsymbol{P}_{\text{Sub}})$ 按照贪心算法在设定的界限内进行调整，这一过程确保了每次迭代都能作出局部最优的选择，具体为

$$\text{if}\,[\text{fit}(\boldsymbol{\Psi}_{(i^*)}) < \text{fit}(\boldsymbol{P}_{\text{Sub}(i^*)})]\ \text{then}\,[\boldsymbol{P}_{\text{Sub}(i^*)}, \text{fit}(\boldsymbol{P}_{\text{Sub}(i^*)})] := [\boldsymbol{\Psi}_{(i^*)}, \text{fit}(\boldsymbol{\Psi}_{(i^*)})] \tag{3-23}$$

其中，参数 $i* \in i$。

更新 $\boldsymbol{P}_{\text{Sub}}$ 和 $\text{fit}(\boldsymbol{P}_{\text{Sub}})$ 是为了更新 $\boldsymbol{P}_{(l)}$ 和 $\text{fit}(\boldsymbol{P}_{(l)})$，更新法则为

$$[\boldsymbol{P}_{(l)}, \text{fit}(\boldsymbol{P}_{(l)})] := [\boldsymbol{P}_{\text{Sub}}, \text{fit}(\boldsymbol{P}_{\text{Sub}})] \tag{3-24}$$

最终得到的全局最优解为

$$[g_{\min}, g_{\text{best}}] = [\text{fit}(\boldsymbol{P}_{(\tau)}), \boldsymbol{P}_{(\tau)}] \mid \text{fit}(\boldsymbol{P}_{(\tau)}) = \min(\text{fit}(\boldsymbol{P})) \tag{3-25}$$

式中，$\tau \in i$。

WDE 算法显著扩展了群体搜索区域，有效地预防了新生种群演化历程中所面临的问题，包括逐步同质化和过早收敛至局部最优解。这一特性有助于提升算法的全局搜索能力与多样化性能。

WDE 算法在进化过程中基于适应度评估运行，并且不需要函数可导性或连续性等额外假设作为前提条件。相比之下，WDE 算法在大规模分布式并行计算任务上展现出了优越性能。然而，WDE 算法缺少对历史搜索信息的存储感知能力。PSO 算法则能够结合个体和群体的历史经验对解空间进行搜索，有效地弥补 WDE 算法的缺陷。

根据以上结论，本节提出 WDE-PSO 联合算法，这种算法综合 WDE 算法与 PSO 算法的优势，通过引入一个自适应交替因子，在相机参数迭代过程中动态调整这两种算法的应用频率。基于概率规则，该算法在更新相机参数时以一定的概率在这两种算法中进行选择，确保新生成的个体能够继承变异个体的丰富信息，同时防止种群多样性过快消失。自适应交替因子 $\eta_G$ 用以决定个体更新方式的选择，计算公式为

$$\eta_G = \eta_0 \frac{2}{\pi} \operatorname{arccot} \frac{G_{\max} - G + 1}{G^2} \tag{3-26}$$

其中，$G_{\max}$ 是总的迭代次数，$G$ 是当前进化代数且 $G \in [1, G_{\max}]$，$\eta_0$ 是一个常数，$\eta_G$ 的值随着算法迭代的过程不断更新。从式(3－26)中可以看出，$\eta_0$ 的值直接影响 $\eta_G$ 的变化趋势。因此调整 $\eta_0$ 可以控制 $\eta_G$ 的变化，进而影响种群的整体更新。

在算法运行过程中，当第 $i$ 个个体产生新个体时，会先产生一个随机数 $S_i$，其在 $[0,1]$ 区间上服从平均分布。如果该随机数小于 $\eta_G$，则使用 WDE 算法来更新个体；反之，则采用 PSO 算法进行更新。

根据式(3－26)，自适应交替因子在种群进化过程中，随着迭代更新的不断发展，其值也相应增大。因为随机数 $S_i$ 服从平均分布，因而确保了进化初期 PSO 算法被选中的概率较大。随着进化代数的增长，当进入后期时，WDE 算法以较高概率被激活，从而实现对相机参数的精确搜索，获取高精度、优质的内、外部参数解集空间。同时在进化寻优的起始阶段，仍有一定概率执行 WDE 算法进行个体变异操作，以防 PSO 算法过早陷入局部极值。式(3－26)和随机数 $S_i$ 使得个体更新以概率方式实现，并确保了相机参数的更新频率遵循统计规律，这充分体现了自适应交替因子对种群智能进化机制的调控能力。

本节通过构建最小目标函数，将特征点的实际像素坐标与使用重投影模型计算得到的图像像素坐标之间的残差作为优化对象。所建立的最小目标函数为

$$F = \sum_{i=1}^{N} \sum_{j=1}^{M} \| m_{ij} - m'(\alpha, \beta, \gamma, \mu_0, \upsilon_0, \kappa_1, \kappa_2, \rho_1, \rho_2, \boldsymbol{R}_i, \boldsymbol{t}_i, \boldsymbol{P}_j) \| \tag{3-27}$$

式中，$N$ 是采集的标定图像数量，$M$ 为标定板上特征点的个数，$m_{ij}$ 是第 $i$ 幅图像上第 $j$ 个特征点像素坐标，$\boldsymbol{P}_j$ 是第 $j$ 个特征点空间物理坐标，$\boldsymbol{R}_i$、$\boldsymbol{t}_i$ 分别是第 $i$ 幅图像对应的旋转矩阵和平移向量。

图 3－2 对 WDE-PSO 联合算法应用于相机参数标定的流程进行了详细展示。算法在初期主要完成坐标系确定与统一、靶标图像采集与存储、特征点中心提取等步骤；在此基础上，继续完成群体和个体参数的初始化工作。紧接着，算法依据自适应交替因子的值，自动调整优化策略，确定最小目标函数，并对个体执行更新操作，直至达到预设的停止条件，最后输出个体最优解及全局最优解。单一的 PSO 算法具有收敛迅速的优点，但往往会陷入局部最优解；而单独采用 WDE 算法进行迭代求解时，收敛精度虽然能够得到显著提升，但在进化早期阶段为了保持群体多样性可能使得效率较低。WDE-PSO 联合算法巧妙地融合了这两种算法的优点：在进化初期展现出快速收敛特性，提升了算法响应速度；后期通过维护群体多样性来避免局部最优解的问题，确保了较高的全局优化性能。这种联合算法在处理

复杂场景时，既能够迅速锁定大致方向，又能在细节处精雕细琢，达到平衡与高效并存的优化效果。

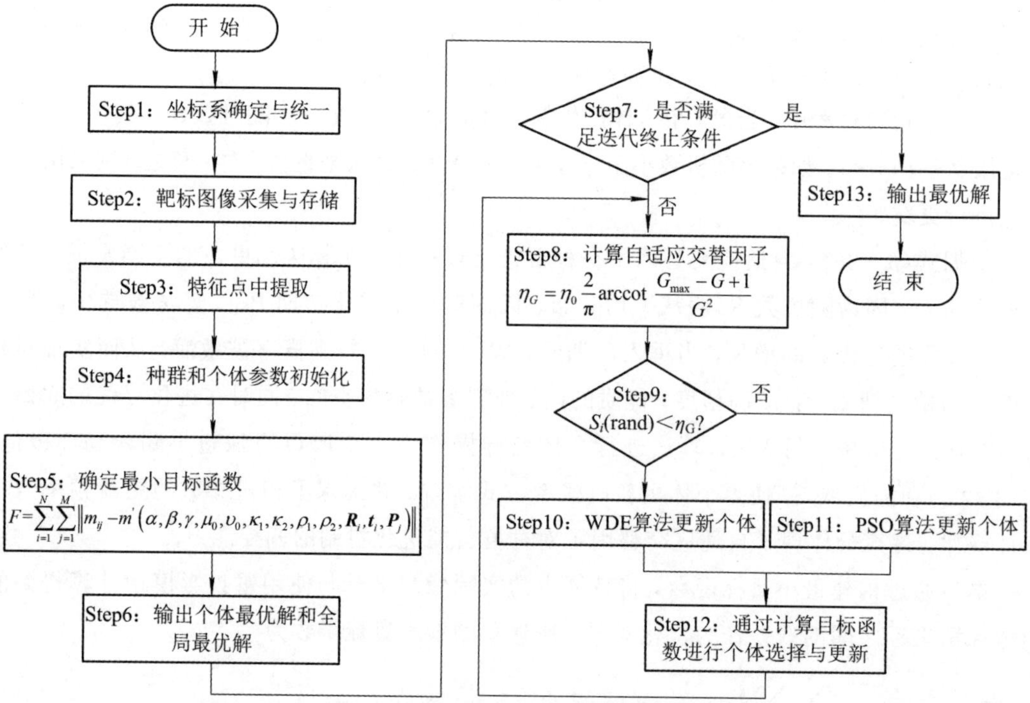


图 3-2 基于 WDE-PSO 联合算法的相机参数标定流程

## 3.2 双目相机标定

### 3.2.1 极线几何关系

双目相机标定是对两台相机之间的相对位置进行的标定。立体视觉系统的重要作用在于获取目标的深度等空间信息。双目相机在成像时，左、右两个相机与被测目标构成一个三角形，如果已知左、右相机的位置关系，基于视差和三角原理，便能够对被测目标的距离进行测量。

图 3-3 所示是一个理想的双目视觉系统，左、右两个相机具有相同的内、外部参数且

光轴平行，$O_l$ 和 $O_r$ 分别为两个相机的光心，$f$ 为焦距，空间中一点 $P$ 在左、右两个像平面上的像点分别为 $p_l$ 和 $p_r$。根据三角原理，点 $P$ 与像平面的距离 $z$ 为

$$z=\frac{fb}{x_l-x_r} \tag{3-28}$$

其中，$x_l$ 和 $x_r$ 分别为点 $P$ 在左、右像平面上的像点坐标；$b=x_l-x_r$ 又被称为视差。图 3-3 和式(3-28)是双目相机测距的基本原理。

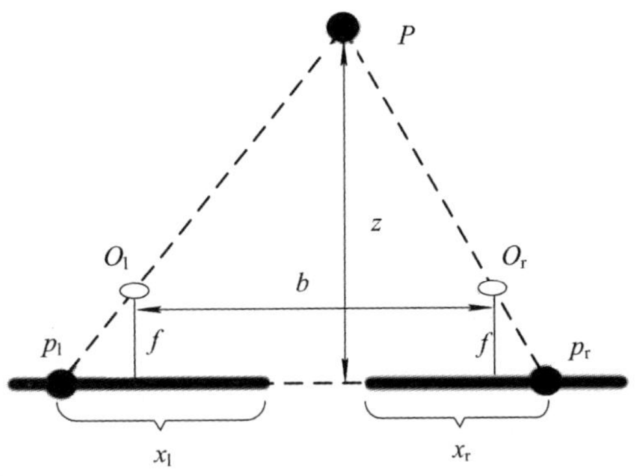


图 3-3　平行光轴双目视觉系统

现实中，两个相机的参数难以做到完全相同，相机光轴也不能保证严格平行，此时图 3-4 更能反映双目视觉系统的成像，左、右相机的焦距分别为 $f_l$、$f_r$。

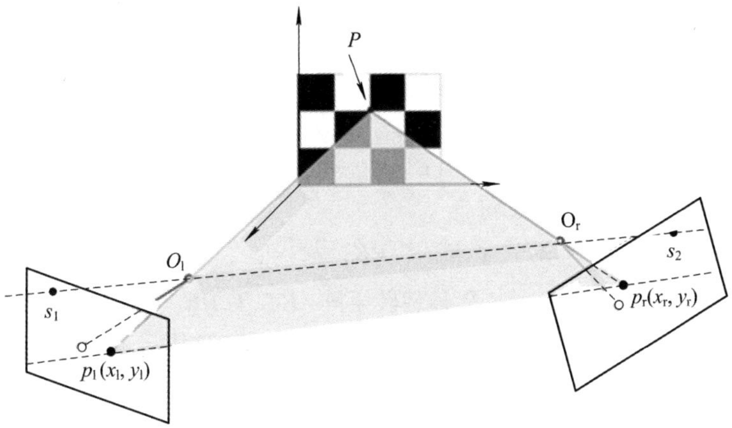


图 3-4　双目视觉系统成像

双目视觉系统中几个重要概念定义如下。

(1) **基线**：连接两个光心的直线，如图 3-4 中的 $O_rO_l$；

(2) **极平面**：空间点 $P$ 与两个光心的连线构成的平面，如图 3-4 中的 $PO_rO_l$；

(3) **极线**：极平面与像平面的交线，如图 3-4 中的 $p_rp_l$；

(4) **极点**：基线与像平面的交点，如图 3-4 中的 $s_1$ 和 $s_2$；

(5) **像点**：空间点 $P$ 点在像平面的成像，如图 3-4 中的 $p_l$ 和 $p_r$。

在双目相机成像过程中，物点在左、右两个相机中的投影点必然位于同一极平面上，左相机的任意像点与右相机像点存在一一对应关系，即右相机对应的像点一定在极线上。这一几何法则构成了双目视觉系统的核心约束条件，利用极线的这种特殊性质，能够将寻找匹配点对的过程从二维空间降至一维，显著减轻计算负担并减少搜索时间，从而有效提升匹配效率。

## 3.2.2 极线约束方程

在实际中，双目相机难以做到真正的光轴平行，因此为了提高精度，需要确定左、右两个相机的相对位置关系。使用数学语言对双目视觉系统进行描述，可将左、右两个相机视为两个刚体，它们之间的位置变换可以通过一个旋转矩阵和一个平移矩阵来描述和实现。定义左相机的坐标原点为系统的参考原点，两台经过标定的相机各自的参数矩阵分别为 $\boldsymbol{K}_l$ 和 $\boldsymbol{K}_r$。对于空间中的任意一点 $P$，其在左、右相机成像平面上的像点分别为 $p_l(u_l,v_l,1)$ 和 $p_r(u_r,v_r,1)$，将坐标变换至左相机的相机坐标系下：

$$\begin{cases}\boldsymbol{p}_{cl}=\boldsymbol{K}_l^{-1}p_l\\ \boldsymbol{p}_{cr}=\boldsymbol{R}(\boldsymbol{K}_r^{-1}p_r)+\boldsymbol{T}\end{cases} \tag{3-29}$$

那么点 $P$ 所在的极平面 $PO_lO_r$ 的法向量 $\boldsymbol{n}$ 在左相机坐标系中为

$$\boldsymbol{n}=\boldsymbol{T}\times p_{cl}=\boldsymbol{T}\hat{}\,\boldsymbol{p}_{cl} \tag{3-30}$$

$\boldsymbol{T}\hat{}$ 为平移矩阵 $\boldsymbol{T}$ 的反对称矩阵，$\boldsymbol{n}$ 与向量 $\boldsymbol{p}_{cr}$ 垂直，因此有

$$\boldsymbol{n}\cdot\boldsymbol{p}_{cr}^{\mathrm{T}}=0 \tag{3-31}$$

根据式(3-30)和式(3-31)，可得

$$p_l\boldsymbol{K}_l^{-\mathrm{T}}\boldsymbol{T}\hat{}\boldsymbol{R}\boldsymbol{K}_r^{-1}p_r^{\mathrm{T}}=0 \tag{3-32}$$

式(3-32)即为极线约束方程，其中 $\boldsymbol{R}$ 是旋转矩阵，$\boldsymbol{K}_l^{-T}\boldsymbol{T}\hat{}\boldsymbol{R}\boldsymbol{K}_r^{-1}$ 称为基础矩阵。式(3-32)说明可以通过标定左、右相机得到基础矩阵，一旦确定基础矩阵，便可以基于此确定左、右图像中目标点对的关系，即

$$\begin{cases}p_l=[\boldsymbol{K}_l\quad 0]\begin{bmatrix}P\\1\end{bmatrix}=\boldsymbol{K}_lP\\ p_r=[\boldsymbol{K}_r\boldsymbol{R}\;-\boldsymbol{K}_r\boldsymbol{R}\boldsymbol{T}]\begin{bmatrix}P\\1\end{bmatrix}=\boldsymbol{K}_r(\boldsymbol{R}P-\boldsymbol{R}\boldsymbol{T})=\boldsymbol{K}_rP'\end{cases} \tag{3-33}$$

其中，$P'$ 为空间点 $P$ 相对于右相机的世界坐标。

### 3.2.3　双目相机关系矩阵求解

对于图 3 - 4 而言，空间点 $P$ 在左、右相机中的像点坐标有以下关系成立：

$$\begin{cases} p_l = \boldsymbol{R}_l P + \boldsymbol{T}_l \\ p_r = \boldsymbol{R}_r P + \boldsymbol{T}_r \end{cases} \tag{3-34}$$

其中，$\boldsymbol{R}_l$、$\boldsymbol{R}_r$、$\boldsymbol{T}_l$、$\boldsymbol{T}_r$ 分别是左、右相机各自的旋转矩阵和平移矩阵，根据式(3 - 34)可得

$$\begin{gathered} \boldsymbol{R}_l^{-1}(p_l - \boldsymbol{T}_l) - \boldsymbol{R}_r^{-1}(p_r - \boldsymbol{T}_r) = 0 \\ p_r = \boldsymbol{R}_r\boldsymbol{R}_l^{-1} p_l - \boldsymbol{R}_r\boldsymbol{R}_l^{-1}\boldsymbol{T}_l + \boldsymbol{T}_r \end{gathered} \tag{3-35}$$

同时，根据左、右相机之间的转换关系，有

$$p_r = \boldsymbol{R} p_l + \boldsymbol{T} \tag{3-36}$$

因此，根据式(3 - 35)和式(3 - 36)，可以得到左、右相机之间的转换矩阵 $\boldsymbol{R}$ 和 $\boldsymbol{T}$：

$$\begin{cases} \boldsymbol{R} = \boldsymbol{R}_r\boldsymbol{R}^{\mathrm{T}} \\ \boldsymbol{T} = \boldsymbol{T}_r - \boldsymbol{R}\boldsymbol{T}_l \end{cases} \tag{3-37}$$

## 3.3　多目相机联合优化标定

### 3.3.1　光束法平差原理

视觉量测技术因其高精度、大测量范围和重复测量的高稳定性，在航空航天、机器人导航和空间场景重构等现代领域得到了广泛应用。随着技术的进步，某些应用场景对目标定位的精度和范围提出了更高的要求。为了满足这些要求，多目视觉系统被应用。多目视觉系统构建多目相机网络以扩展测量视野，并利用系统获取的冗余信息来抑制噪声，从而提高定位结果的鲁棒性。在该系统中，每个相机相对于目标物体的角度和空间位置都是不同的。为了实现场景的融合配准和空间重建，相机视场之间通常需要有一定的重叠区域，如图 3 - 5 所示。

在相机标定过程中，采用特征点定位、极线约束、三角方法等可以得到相机的各项参数，但实际工作情况往往会出现许多干扰因素，使得点与点之间不能精准匹配，进而导致得到的相机参数存在较大误差。光束法平差(Bundle Adjustment，BA)是通过调整相机姿态和特征点位置，使从每个特征点反射出来的几束光线收束到光心的过程，在这个过程中可以得到优化的相机参数。

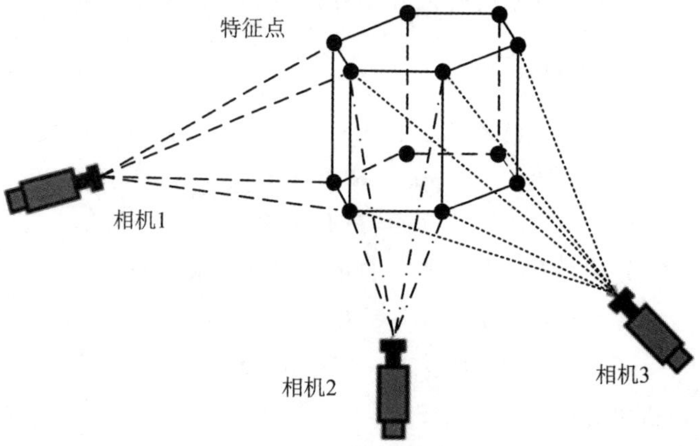


图 3-5　多目视觉系统

对于光束法平差，构建重投影误差评估函数：

$$e(\boldsymbol{X},\boldsymbol{A})=\sum\left\|u_i-\frac{1}{s_i}\boldsymbol{A}x_i\right\|^2 \tag{3-38}$$

其中，$u_i$ 为某一个特征点所成像点的像素坐标，$\boldsymbol{A}$ 为相机参数，$\boldsymbol{X}$ 为特征点坐标集合，$x_i$、$s_i$ 分别为特征点坐标和深度。最小化式(3-38)可以得到优化后的相机参数。

### 3.3.2　基于多相机间固定约束关系的联合标定

卫星定位追踪等对精度和实时性有极高要求的应用场景往往需要同时使用多台相机，以确保高效准确的数据采集。在使用多个相机拍摄目标物体时，首要步骤便是进行相机标定。张正友标定法是其中一种有效手段，其能够获取初步的相机内、外部参数信息。本节提出了一种基于多相机间固定约束关系的联合标定算法，其技术方案如图 3-6 所示。该方案构建了全面覆盖的目标图像收集系统，并将所有相机整合为一个协调运行的整体。工作时首先选定一台相机作为主相机，将其外部参数(简称为外参)作为光束法平差过程中的优化目标；同时，其余各台相机视为主相机的从属设备(从属相机)。基于主相机外参的变换运算能够便捷地确定从属相机的相应外参[13, 44]。此架构旨在充分利用各相机间的协同作用，提高整体系统的工作效率与精度。

假设系统共配置了 $k+1$ 台相机，其中包含 1 台主相机与 $k$ 台从属相机。基于传统意义上的光束法平差原理，可以推导出主相机的共线方程为

$$\lambda\begin{bmatrix}u_m\\v_m\\1\end{bmatrix}=\boldsymbol{K}_m\begin{bmatrix}\boldsymbol{R}_m & \boldsymbol{T}_m\end{bmatrix}\begin{bmatrix}X\\Y\\Z\\1\end{bmatrix} \tag{3-39}$$

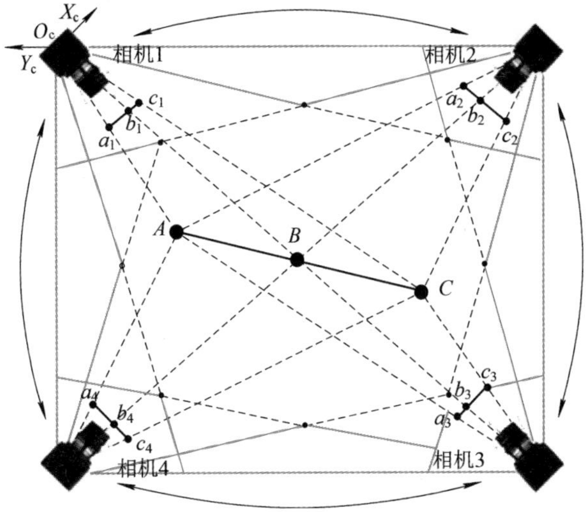


图 3－6　基于多相机间固定约束关系的联合标定算法方案

其中：$(u_m, v_m)$为主相机拍摄图片的像素坐标；$\boldsymbol{K}_m$ 为主相机的内部参数（简称内参）；$\boldsymbol{R}_m$、$\boldsymbol{T}_m$ 为主相机的外参，即旋转矩阵和平移向量；$(X, Y, Z)$为三维点的世界坐标。

由共线方程对主相机外参和三维点求一阶偏导，可得误差方程：

$$\boldsymbol{V}_m = [\boldsymbol{A}_m \quad \boldsymbol{B}_m] \begin{bmatrix} \boldsymbol{\delta}_{cm} \\ \boldsymbol{\delta}_{tm} \end{bmatrix} - \boldsymbol{L}_m \tag{3-40}$$

其中，$\boldsymbol{A}_m$、$\boldsymbol{B}_m$ 分别为$(u_m, v_m)^{\mathrm{T}}$ 对主相机外参$(\omega_m, \varphi_m, \kappa_m, t_{xm}, t_{ym}, t_{zm})$和三维点$(X, Y, Z)$的一阶偏导数，即

$$\begin{cases} \boldsymbol{A}_m = \begin{bmatrix} \dfrac{\partial u_m}{\partial \omega_m} & \dfrac{\partial u_m}{\partial \varphi_m} & \dfrac{\partial u_m}{\partial \kappa_m} & \dfrac{\partial u_m}{\partial t_{xm}} & \dfrac{\partial u_m}{\partial t_{ym}} & \dfrac{\partial u_m}{\partial t_{zm}} \\ \dfrac{\partial v_m}{\partial \omega_m} & \dfrac{\partial v_m}{\partial \varphi_m} & \dfrac{\partial v_m}{\partial \kappa_m} & \dfrac{\partial v_m}{\partial t_{xm}} & \dfrac{\partial v_m}{\partial t_{ym}} & \dfrac{\partial v_m}{\partial t_{zm}} \end{bmatrix} \\ \boldsymbol{B}_m = \begin{bmatrix} \dfrac{\partial u_m}{\partial X} & \dfrac{\partial u_m}{\partial Y} & \dfrac{\partial u_m}{\partial Z} \\ \dfrac{\partial v_m}{\partial X} & \dfrac{\partial v_m}{\partial Y} & \dfrac{\partial v_m}{\partial Z} \end{bmatrix} \end{cases} \tag{3-41}$$

$\boldsymbol{\delta}_{cm}$、$\boldsymbol{\delta}_{tm}$ 为主相机的外参改正数与三维点改正数，即每次迭代对应参数的步长，其可以表示为

$$\begin{cases} \boldsymbol{\delta}_{cm} = [\Delta\omega_m \quad \Delta\varphi_m \quad \Delta k_m \quad \Delta t_{xm} \quad \Delta t_{ym} \quad \Delta t_{zm}]^{\mathrm{T}} \\ \boldsymbol{\delta}_{tm} = [\Delta X \quad \Delta Y \quad \Delta Z]^{\mathrm{T}} \end{cases} \tag{3-42}$$

$\boldsymbol{L}_m$ 为图像上点的实际坐标与用共线方程计算得到的重投影坐标的差值矩阵：

$$\boldsymbol{L}_m=\begin{bmatrix}u_m-\hat{u}_m\\v_m-\hat{v}_m\end{bmatrix} \tag{3-43}$$

基于前述讨论，现在已经获取了主相机的完整参数数据。在多目视觉系统的光束法平差原理中，引入法向量矩阵降维技术的主要目标是高效地整合并利用从属相机与主相机间的固定约束几何关系，以通过主相机的外参来描绘从属相机的参数和姿态信息。在这个场景中，本节构建了一个包含 1 台主相机和 $k$ 台从属相机的系统。在对所有设备进行标定后，便能够根据光束法平差得到这些从属相机与主相机之间的精确几何联系（$\boldsymbol{R}_{m1}$，$\boldsymbol{T}_{m1}$）、（$\boldsymbol{R}_{m2}$，$\boldsymbol{T}_{m2}$）、…、（$\boldsymbol{R}_{mk}$，$\boldsymbol{T}_{mk}$），其可描述为

$$\begin{gathered}\begin{cases}\boldsymbol{R}_1=\boldsymbol{R}_{m1}\boldsymbol{R}_m\\\boldsymbol{T}_1=\boldsymbol{T}_{m1}+\boldsymbol{R}_{m1}\boldsymbol{T}_m\end{cases}\\\begin{cases}\boldsymbol{R}_2=\boldsymbol{R}_{m2}+\boldsymbol{R}_m\\\boldsymbol{T}_2=\boldsymbol{T}_{m2}+\boldsymbol{R}_{m2}\boldsymbol{T}_m\end{cases}\\\vdots\\\begin{cases}\boldsymbol{R}_k=\boldsymbol{R}_{mk}\boldsymbol{R}_m\\\boldsymbol{T}_k=\boldsymbol{T}_{mk}+\boldsymbol{R}_{mk}\boldsymbol{T}_m\end{cases}\end{gathered} \tag{3-44}$$

根据式(3-44)可以推导出系统位姿变换矩阵，利用其进行的位姿变换可简化为

$$\begin{bmatrix}\boldsymbol{R}_1&\boldsymbol{T}_1\\\boldsymbol{R}_2&\boldsymbol{T}_2\\\boldsymbol{R}_3&\boldsymbol{T}_3\\\vdots&\vdots\\\boldsymbol{R}_k&\boldsymbol{T}_k\end{bmatrix}=\begin{bmatrix}\boldsymbol{R}_{m1}&\boldsymbol{T}_{m1}\\\boldsymbol{R}_{m2}&\boldsymbol{T}_{m2}\\\boldsymbol{R}_{m3}&\boldsymbol{T}_{m3}\\\vdots&\vdots\\\boldsymbol{R}_{mk}&\boldsymbol{T}_{mk}\end{bmatrix}\begin{bmatrix}\boldsymbol{R}_m&\boldsymbol{T}_m\\\boldsymbol{0}&1\end{bmatrix} \tag{3-45}$$

因此，根据此约束关系，可以得出第 $k$ 台相机的共线方程为

$$\lambda\begin{bmatrix}u_k\\v_k\\1\end{bmatrix}=\boldsymbol{K}_k\begin{bmatrix}\boldsymbol{R}_{mk}\boldsymbol{R}_m&\boldsymbol{T}_{mk}+\boldsymbol{R}_{mk}\boldsymbol{T}_m\end{bmatrix}\begin{bmatrix}X\\Y\\Z\\1\end{bmatrix} \tag{3-46}$$

其中，($u_k$，$v_k$)为多目视觉系统中第 $k$ 台相机成像点的二维像素坐标，$\boldsymbol{K}_k$ 为第 $k$ 台相机的内部参数矩阵。通过共线方程对相机外参及三维空间中的点进行一阶偏导求解时，保持了

对于三维点的处理一致性，并在计算过程中采用了相同的方法。但是对每个从属相机的外参求导，相当于对主相机的外参求导，因此第 $k$ 台从属相机的误差方程可表示为

$$\boldsymbol{V}_k = [\boldsymbol{A}_k \quad \boldsymbol{B}_k] \begin{bmatrix} \boldsymbol{\delta}_{ck} \\ \boldsymbol{\delta}_{tk} \end{bmatrix} - \boldsymbol{L}_k \tag{3-47}$$

其中，

$$\boldsymbol{A}_k = \begin{bmatrix} \frac{\partial u_k}{\partial \omega_m} & \frac{\partial u_k}{\partial \varphi_m} & \frac{\partial u_k}{\partial \kappa_m} & \frac{\partial u_k}{\partial t_{xm}} & \frac{\partial u_k}{\partial t_{ym}} & \frac{\partial u_k}{\partial t_{zm}} \\ \frac{\partial v_k}{\partial \omega_m} & \frac{\partial v_k}{\partial \varphi_m} & \frac{\partial v_k}{\partial \kappa_m} & \frac{\partial v_k}{\partial t_{xm}} & \frac{\partial v_k}{\partial t_{ym}} & \frac{\partial v_k}{\partial t_{zm}} \end{bmatrix}, \quad \boldsymbol{B}_k = \begin{bmatrix} \frac{\partial u_k}{\partial X} & \frac{\partial u_k}{\partial Y} & \frac{\partial u_k}{\partial Z} \\ \frac{\partial v_k}{\partial X} & \frac{\partial v_k}{\partial Y} & \frac{\partial v_k}{\partial Z} \end{bmatrix}$$

$$\boldsymbol{\delta}_{ck} = \boldsymbol{\delta}_{cm}, \ \boldsymbol{\delta}_{tk} = \boldsymbol{\delta}_{tm}, \ \boldsymbol{L}_k = \begin{bmatrix} u_k - \hat{u}_k \\ v_k - \hat{v}_k \end{bmatrix}$$

基于式(3-47)的分析表明，第 $k$ 台从属相机误差的构建仅需针对主相机的外部参数进行微分操作，并且只需计算主相机的外参和三维点的改正数值即可。这一处理策略避免了对全部相机都进行运算所带来的时间消耗，同时减少了计算量，因而有效提高了整体效率。进一步地，可完成对法化矩阵 $\boldsymbol{H}$ 的推导。雅可比矩阵 $\boldsymbol{J}$ 的具体表达形式为

$$\boldsymbol{J} = [\boldsymbol{A} \quad \boldsymbol{B}] \tag{3-48}$$

其中，$\boldsymbol{A} = [\boldsymbol{A}_m \quad \boldsymbol{A}_1 \quad \boldsymbol{A}_2 \quad \cdots \quad \boldsymbol{A}_k]^{\mathrm{T}}$，$\boldsymbol{B} = [\boldsymbol{B}_m \quad \boldsymbol{B}_1 \quad \boldsymbol{B}_2 \quad \cdots \quad \boldsymbol{B}_k]^{\mathrm{T}}$。故法化矩阵为

$$\boldsymbol{H} = \boldsymbol{J}^{\mathrm{T}}\boldsymbol{J} = \begin{bmatrix} \boldsymbol{A}^{\mathrm{T}} \\ \boldsymbol{B}^{\mathrm{T}} \end{bmatrix} [\boldsymbol{A} \quad \boldsymbol{B}] = \begin{bmatrix} \boldsymbol{A}^{\mathrm{T}}\boldsymbol{A} & \boldsymbol{A}^{\mathrm{T}}\boldsymbol{B} \\ \boldsymbol{B}^{\mathrm{T}}\boldsymbol{A} & \boldsymbol{B}^{\mathrm{T}}\boldsymbol{B} \end{bmatrix} \tag{3-49}$$

运用 Levenberg-Marquardt 算法进行求解，则法方程为

$$\begin{bmatrix} \boldsymbol{A}^{\mathrm{T}}\boldsymbol{A} + \mu \boldsymbol{I} & \boldsymbol{A}^{\mathrm{T}}\boldsymbol{B} + \mu \boldsymbol{I} \\ \boldsymbol{B}^{\mathrm{T}}\boldsymbol{A} + \mu \boldsymbol{I} & \boldsymbol{B}^{\mathrm{T}}\boldsymbol{B} + \mu \boldsymbol{I} \end{bmatrix} \begin{bmatrix} \boldsymbol{\delta}_{cm} \\ \boldsymbol{\delta}_{tm} \end{bmatrix} = \begin{bmatrix} \boldsymbol{A}^{\mathrm{T}}\boldsymbol{L} \\ \boldsymbol{B}^{\mathrm{T}}\boldsymbol{L} \end{bmatrix} \tag{3-50}$$

其中，$\boldsymbol{L} = [\boldsymbol{L}_m \quad \boldsymbol{L}_1 \quad \boldsymbol{L}_2 \quad \cdots \quad \boldsymbol{L}_k]^{\mathrm{T}}$。

通过上述推导可知，与传统光束法平差方法相比，本节提出的算法在优化处理时显著减少了需优化参数的数量。假设一个多目视觉系统由 $k+1$ 台相机组成，其对空间中的 $n$ 个点进行 $m$ 次拍摄操作。按照传统的算法计算逻辑，总共需要处理的优化量为 $6(k+1)m+3n$ ——这里分别考虑到每台相机所涉及的6个未知数、每个三维点带来的3个未知数。相比之下，因为引入了相机间的固定约束关系，新算法仅需处理 $6m+3n$ 个待确定参数，成功消除了由于增加相机数量而导致的冗余未知数。若仅从相机相关参数的角度考量，则该算法待优化参数的数量只有传统算法的 $\frac{1}{k+1}$，即法化矩阵的维度降低到原来的 $\frac{1}{k+1}$。特别值得注意的是，在

相机数量增加的情况下，这种算法带来的优势会更加显著。

## 3.4 本章小结

本章通过对相机成像模型、相机标定方法等的讲解，详细阐述了相机内、外部参数标定的原理和方法。本章首先对相机的成像模型进行了理论分析和介绍，在此基础上区分单目、双目、多目 3 种视觉系统类型，对不同种类视觉系统的相机标定进行了深入对比和介绍，涵盖了立体视觉技术中的各类成像机制，构建了相机标定技术的应用基础。

# 第 4 章　视觉检测架构与方法

## 4.1　视觉检测前置技术

### 4.1.1　架构介绍

机器视觉领域常用的软件开发架构有 OpenCV、Halcon 和 Matlab 等。其中 Halcon 与 OpenCV 为使用者提供了多种编程语言的接口，使用者可以根据自身实际情况自由选择所使用的编程开发环境；而 Matlab 则提供了包括编辑器、函数库、Matlab 语言等在内的一整套完整的集成开发环境，同时 Matlab 是一个通用的科学计算框架，涵盖的领域更加广泛。然而，Halcon、Matlab 均为商业软件且未开源，而 OpenCV 是开源的计算机图像库，其因免费、资料丰富、社区友好的特点被很多高校和科研机构使用[82]。

### 4.1.2　OpenCV 数据结构

OpenCV 的数据结构，按照复杂度从低到高，可以大致分为基本数据结构、矩阵和图像两类。

**1. 基本数据结构**

OpenCV 的基本数据结构包括 CvPoint、CvSize、CvRect 等，它们通常仅包含几个必要的数值字段。例如 CvPoint 是一个具有两个整数成员变量 x 和 y 的简单结构。它有两个同级结构：CvPoint2D32f 和 CvPoint3D32f。其中，前者具有相同的两个成员 x 和 y，这两个成员都是浮点数；后者还包含第三个成员 z。CvSize 与 CvPoint 的结构相似，其成员为宽度 width 和高度 height，分别为两个整数，同时它也有浮点版本的相似结构：CvSize2D32f。CvRect 是 CvPoint 和 CvSize 的另一个子项，它包含四个成员：x、y、width 和 height。

另一种重要的基本数据结构是 CvScalar，它包含四个双精度数字。CvScalar 经常用于表示一个、两个或三个实数，它有一个单成员变量，其类型是指向包含四个双精度浮点数数组的指针。

OpenCV 基本数据结构如表 4 - 1 所示。

表 4-1 OpenCV 基本数据结构

| 数据结构 | 包含元素 | 作　用 |
|---|---|---|
| CvPoint | int x，y | 表示图像中点的坐标 |
| CvPoint2D32f | float x，y | 表示二维空间中点的坐标 |
| CvPoint3D32f | float x，y，z | 表示三维空间中点的坐标 |
| CvSize | int width，height | 表示图像的大小 |
| CvRect | int x，y，width，height | 表示一个矩形区域 |
| CvScalar | double val | 表示图像的 R、G、B、A 通道值 |

**2. 矩阵和图像**

IplImage 是描述图像基础架构的核心类型。它具备多功能特性，能够展现灰色、全彩乃至更高级的四通道图像类型，并且在其各构成通道内，数据能够以整数或浮点数的形式存在。因此，这种类型比普遍存在的三个通道八位数据的图像表示更全面。OpenCV 提供了大量有用的操作符来处理这些图像，包括调整图像大小、提取单个通道、查找像素最大或最小值等。

CvMat 用于表示矩阵，是相比于 IplImage 结构抽象程度更高的数据结构，IplImage 可以看作是继承自 CvMat。CvArr 是 CvMat 的抽象基类。

Mat 是 OpenCV2.0 之后推出的处理图像的新的数据结构，其是一个多维的密集数据数组，正在逐步取代 CvMat 和 IplImage。它的基本结构包含两个部分，即矩阵元信息和一个指向存储矩阵值的指针。矩阵元信息包含了矩阵尺寸、数值类型等基本信息。Mat 类提供了自动管理内存的功能，因此内存空间不必手动开辟，也不需要进行手动释放。同时为了降低在进行大规模矩阵复制时的开销，OpenCV 采用了引用计数机制，即让每个 Mat 对象有自己的信息头，但共享一个矩阵。在内存管理上，只有一个矩阵的引用次数计数值为 0 时，其才会被清理。

## 4.2 机器学习目标检测

### 4.2.1 支持向量机

1995 年，Cortes 与 Vapnik 首次提出支持向量机(Support Vector Machine，SVM)[83]这一机器学习模型。SVM 在小样本、非线性和高维特征空间的模式识别中展现出了显著优势，并逐步扩展应用至其他机器学习问题中。SVM 理论建立在统计学中的 VC 维理论和结构风险最小化原则之上，其核心在于利用有限的样本数据，在复杂模型与高效学习能力之间寻找最佳均衡点，从而实现最优的泛化性能。SVM 在分类任务中广泛应用。

假设在二维平面中，有圆和矩形两类图形，如图 4-1 所示。两类图形可以使用一条直线完全分开。此类能用一条直线进行分类的问题称为线性可分的，否则为线性不可分的。图 4-1 中的图形处于一个二维平面，其同样可以扩展至多维空间，此时用于类型划分的不再是一条直线，而是一个多维的面，称之为“超平面(Hyper Plane)”。无论是直线还是超平面，都可以使用线性函数进行表示：

$$g(\boldsymbol{x})=\boldsymbol{w}^{\mathrm{T}}\boldsymbol{x}+b \tag{4-1}$$

其中 $\boldsymbol{w}=[w_1 \quad w_2 \quad \cdots \quad w_n]^{\mathrm{T}}$，$n$ 为空间的维度，$b$ 为线性函数的偏置，$\boldsymbol{x}$ 为样本。

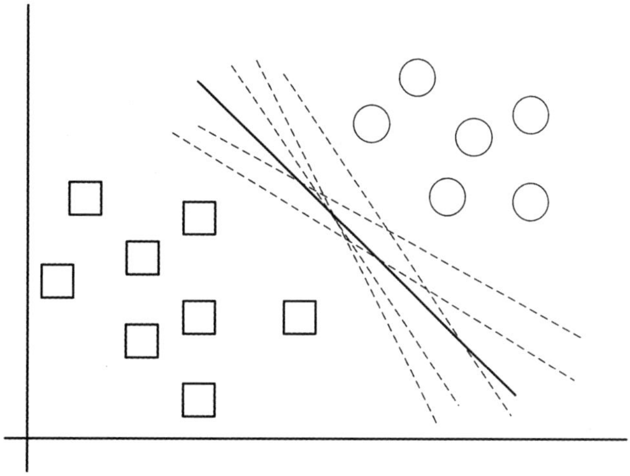

图 4-1　二维平面图形分割

对于图 4-1 而言，能够将两类图形划分开来的直线可以有很多条，那么如何确定最“好”的那一条呢？在分析或评价某个事物时，“好”这一主观感受需通过具体数值化的标准予以明确，在支持向量机中，这种标准叫作“分类间隔 ”。分别使用 1 和－1 对图 4-1 中的两种图形进行表示。借助这一表述方法，任意样本点相对于特定超平面的距离可具体描述为

$$\delta_i=y_i(\boldsymbol{w}^{\mathrm{T}}\boldsymbol{x}_i+b) \tag{4-2}$$

其中，$i$ 为样本点的索引，$y$ 即为样本点的标签(1 或－1)。

如果某个样本属于该类别的话，那么 $\boldsymbol{w}^{\mathrm{T}}\boldsymbol{x}_i+b>0$，而此时对应的 $y_i$ 大于 0；若不属于该类别的话，那么 $\boldsymbol{w}^{\mathrm{T}}\boldsymbol{x}_i+b<0$，而对应 $y_i$ 小于 0。因此 $y_i(\boldsymbol{w}^{\mathrm{T}}\boldsymbol{x}_i+b)$ 总是大于 0，而且其值就等于 $|\boldsymbol{w}^{\mathrm{T}}\boldsymbol{x}_i+b|$ 。进行归一化表示后，式(4-2)可以写成

$$\delta_i=\frac{1}{\|\boldsymbol{w}\|}|g(\boldsymbol{x}_i)| \tag{4-3}$$

假设存在直线能将样本正确分类，则有

$$\begin{cases} \boldsymbol{w}^{\mathrm{T}}\boldsymbol{x}+b \geqslant 1, & y_i=1 \\ \boldsymbol{w}^{\mathrm{T}}\boldsymbol{x}+b \leqslant -1, & y_i=-1 \end{cases} \tag{4-4}$$

在图 4-1 中，距离直线最近的几个样本点能使式(4-4)中的等号成立，它们便是支持向量，如图 4-2 所示。

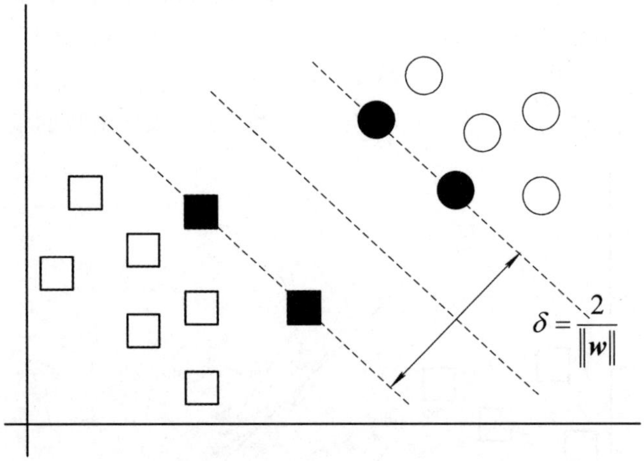


图 4-2　支持向量

两个异类支持向量到超平面的距离之和为

$$\delta=\frac{2}{\|\boldsymbol{w}\|} \tag{4-5}$$

由式(4-5)可知，$\delta$ 要最大，则 $\|\boldsymbol{w}\|$ 需取最小值，所以求 $\delta$ 的最大值等价于

$$\min \frac{1}{2}\|\boldsymbol{w}\|^2 \tag{4-6}$$

对式(4-6)添加约束项得到

$$L(\boldsymbol{w}, b, \lambda)=\frac{1}{2}\|\boldsymbol{w}\|^2+\sum_{i=1}^{n}\lambda_i\left[1-y_i(\boldsymbol{w}^{\mathrm{T}}\boldsymbol{x}_i+b)\right] \tag{4-7}$$

将式(4-7)对 $\boldsymbol{w}$ 和 $b$ 求导，令其偏导为 0，可得

$$\begin{cases} \boldsymbol{w}=\sum_{i=1}^{n}\lambda_i y_i \boldsymbol{x}_i \\ 0=\sum_{i=1}^{n}\lambda_i y_i \end{cases} \tag{4-8}$$

将式(4-8)代入(4-7)，得到

$$L(\boldsymbol{w},b,\lambda)=\sum_{i=1}^{n}\lambda_i-\frac{1}{2}\sum_{i=1}^{n}\sum_{j=1}^{n}\lambda_i\lambda_j y_i y_j \boldsymbol{x}_i \boldsymbol{x}_j \tag{4-9}$$

此时求解 $\boldsymbol{w}$ 和 $b$ 转化为求解 $\lambda$ ，即

$$\begin{cases}\min\limits_{\lambda} L(\boldsymbol{w},b,\lambda)=\min\limits_{\lambda}\sum_{i=1}^{n}\lambda_i-\frac{1}{2}\sum_{i=1}^{n}\sum_{j=1}^{n}\lambda_i\lambda_j y_i y_j \boldsymbol{x}_i \boldsymbol{x}_j \\ \text{s. t. } \sum_{i=1}^{n}\lambda_i y_i, \lambda_i \geqslant 0\end{cases} \tag{4-10}$$

针对上面的问题，可以使用序列最小优化算法得到 $\lambda$ ，再进一步求解出 $\boldsymbol{w}$ 和 $b$，进而找到所要求的最“好”的超平面，即“ 决策平面 ” 。

对于任意训练样本 $(\boldsymbol{x}_i, y_i)$，总有 $\lambda_i=0$ 或者 $y_i(\boldsymbol{w}^{\mathrm{T}}\boldsymbol{x}_i+b)=1$。若 $\lambda_i=0$，则该样本会在求解模型参数时被排除；若 $\lambda_i>0$，则意味着 $y_i(\boldsymbol{w}^{\mathrm{T}}\boldsymbol{x}_i+b)=1$，说明此时所对应的样本点位于最大间隔边界上，是一个支持向量。这一特征体现了支持向量机的核心属性：在训练阶段结束之后，大部分原始样本实际上不再对最终模型形成影响。因此，仅关注那些作为支持向量的关键样本即可。

## 4.2.2　K 均值聚类

与支持向量机等监督学习算法不同，聚类算法在执行时并不依赖于任何预先定义的样本标签。它依据数据点之间的内在联系，自动地将相似的数据点划分到同一个组中，以使得组内的数据点相似性较高，而组间的数据点相似性较低。聚类算法是无监督学习算法的一个典型例子，其中 K 均值聚类算法是最普遍和基础的算法之一。该算法的目的在于找到最适配的簇结构，通过迭代将数据分为 K 簇(或称组)，使得各簇内部的数据点间相似性最大，而不同簇之间差异显著。

假设存在数据样本集 $X=\{x_1, x_2, \cdots, x_n\}$，其中包含了 $n$ 个样本，每个样本有 $m$ 个维度的属性。 K 均值聚类算法的目标是依据 $n$ 个样本之间的相似性，将其划分到指定的 $k$ 个簇中，每个样本属于且仅属于一个簇，其到该簇中心的距离最小。

K 均值聚类算法的步骤为，首先初始化 $k$ 个聚类中心 $C_1$、$C_2$、$C_3$、…、$C_k$，其中 $1<k<n$；然后计算每个样本到聚类中心的距离，计算公式为

$$d_i(x_i, C_j)=\sqrt{\sum_{t=1}^{m}(x_{i,t}-C_{j,t})^2} \tag{4-11}$$

其中，$i$ 为样本的索引，$1<i<n$；$j$ 为聚类中心的索引，$1<j<k$；$t$ 为样本属性的索引，$1<t<m$ 。

通过对每个样本与各个聚类中心的距离进行逐一的计算和比较，各数据点可归类至与其距离最近的聚类中心所属的类别集群之中，直至所有的样本均被分配完毕，最终生成 $k$ 个簇 $\{S_1, S_2, S_3, \cdots, S_k\}$。

$K$ 均值聚类算法中选取合适的 $k$ 值对于决策过程至关重要。若将 $k$ 设定为较小值，则算法能够在某种程度上减小学习过程中的近似误差，但可能限制算法的泛化性能，特别是在面对复杂或非局部分布的数据时；反之，若选取较大的 $k$ 值，算法会考虑更多数据点的信息，这有利于提升模型的鲁棒性和泛化性能，但可能带来预测过拟合的风险或者增大近似误差。因此，在实际应用中，$k$ 的选择应基于具体问题的需求、数据特性以及期望的平衡点来综合考量和优化。

样本空间中两个样本的距离是其相似程度的反映。常见距离表示为

$$L_p(x_i, x_j) = \left(\sum |x_i - x_j|^p\right)^{\frac{1}{p}} \tag{4-12}$$

其中，当 $p=2$ 时该距离为欧氏距离；当 $p=1$ 时为曼哈顿距离；当 $p=\infty$ 时为样本各个属性差值的最大值，即 $L_\infty(x_i, x_j) = \max|x_i - x_j|$。

### 4.2.3 集成学习

集成学习是一种通过构建和融合多个同质或异质模型来完成学习任务的方法。相较于单一模型方法，集成学习能够减小误差，提高泛化性能和预测精度，改善系统稳定性和鲁棒性等。根据方法的效果，集成学习可以分为三类：用于减小方差的聚合法(Bagging)、用于降低偏差的提升法(Boosting)和用于提升准确性的堆叠法(Stacking)。根据模型的结构，集成学习可分为串行集成和并行集成两类。串行集成对模型之间的优缺点进行互补，达到提升学习效果的目的，如自适应增强（AdaBoost)；并行集成则借助模型间的独立性，采用均值化或其他类似技术有效减小误差，如随机森林（Random Forest)。

聚合法通过对多个模型取平均得到效果更好的模型。例如使用训练集的 $M$ 个不同子集，将其经过训练得到 $M$ 个模型，然后取平均得到新的模型，即

$$f(x) = \frac{1}{M}\sum_{m=1}^{M} f_m(x) \tag{4-13}$$

聚合法的一般流程是：

(1) 将原始数据集进行有放回抽样，得到 $M$ 个子集；

(2) 将抽样后的数据集分别独立进行训练，得到 $M$ 个模型；

(3) 将 $M$ 个模型进行聚合，得到集成后的模型。

随机森林是最为常见的聚合法之一。它的基本单元是决策树，通过聚合法将多棵决策树聚合成一棵，从而形成“森林”，如图 4-3 所示。

在随机森林中，每棵决策树都是通过聚合方法训练得到的。一个输入样本要进行分类，就需要输入到每棵树中。通过汇集多个弱分类模型来构建一个具备更强决策能力的整体模型，这就是随机森林聚合法的思想。由于弱分类模型的平均，随机森林最终得到一个方差小、偏差也小的模型。

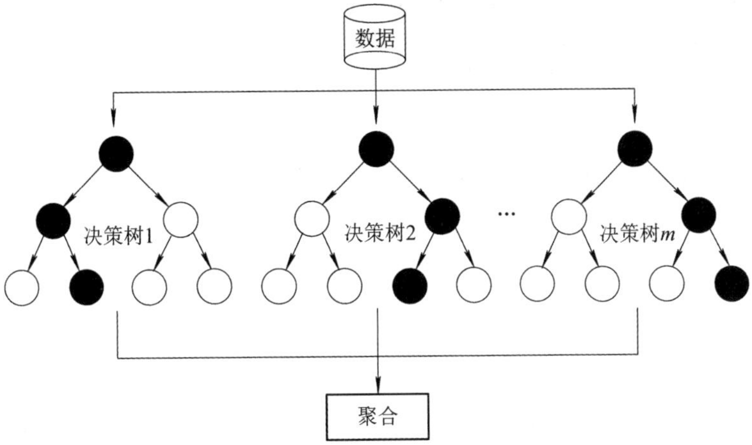


图 4-3　随机森林

在集成学习中，提升法的核心在于将初始的弱模型转变成精度更高、效果更好的预测工具。在分类任务中，提升法每次迭代都会构建一个新模型以专注于纠正上一个模型的误判部分，从而形成一个逐步优化的整体预测框架。对于回归任务，提升法采用加权和的方式，在每个阶段后更新数据集权重，以在后续的迭代中给予被误分类样本更大的权重，并基于此调整后续模型的学习焦点。最终，提升法通过组合所有迭代结果并赋予相应的权重，生成一个整体回归估计。

堆叠法可以将异质模型进行结合，从而获得更好的效果。堆叠法的核心思想是将多个模型组合在一起工作，每个模型只负责自己最擅长的部分，最终综合所有结果后获得更准确的预测。堆叠法的主要步骤是将模型预测得到的结果作为新的特征，用于训练下一个模型，就像是在原有的模型上再叠加一个模型，这也是“堆叠”的含义所在。因为不同的模型能够提取数据中不同的信息，同时由于噪声等因素的影响，不同的模型往往会在数据的不同特征上展现出各自的优势。堆叠法就是通过选取各个对不同特征有更好效果的模型所预测的结果，从而有效地优化模型预测的结果。

## 4.3　基于跨层连接的 AGV 目标识别

自动引导车(Automated Guided Vehicle,AGV)是一种新兴的工业机器人，它能替代传统的人工叉车自动完成货物的分拣、装配以及运输。AGV 的研发通常涵盖硬件结构配置、底层通信协议开发以及顶层算法研究三大方面。算法层面包含托盘定位算法、运动控制算法、路径规划算法等。传统的托盘定位算法采用激光雷达进行测距与定位，这种方式成本高且受环境影响严重。而视觉量测技术展现出了无限的发展潜力和广阔的应用前景。该技术之所以受到青睐并得到广泛应用，主要得益于其具备非接触式操作、速度快、精度高以及适应性强等显著优势。这些特性使其在目标识别与定位、导航等多个关键领域发挥了重要作用。

### 4.3.1 托盘测量模型和标志点制备

通常叉车前端安置一个或多个相机，相机实时采集场景图像从而获取托盘相对叉车的位置信息，以此来控制叉车实现精准而又高效的动作。其中托盘测量模型可简化为图 4-4。

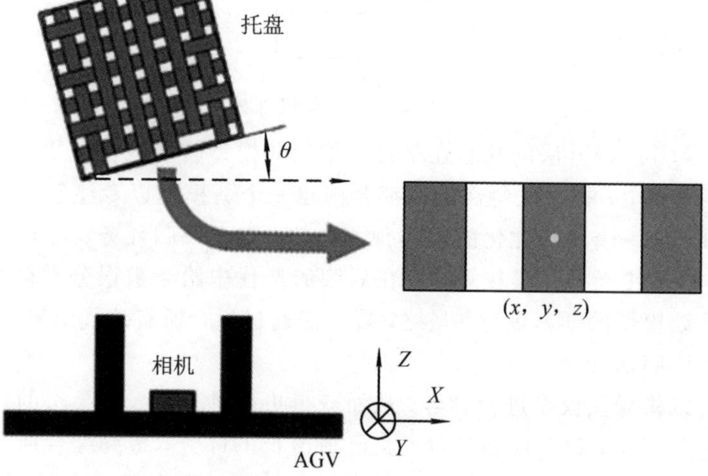


图 4-4 托盘测量模型

图 4-4 中，待获取的托盘位置信息即为四元数组$(x,y,z,\theta)$。其中，$(x,y,z)$为托盘在叉车坐标系即相机坐标系下的位置坐标，$\theta$ 则表示托盘在相机坐标系中与水平轴的夹角。因此将此问题转换为输入相机获取的图像信息，实时输出托盘位置的四元数组$(x,y,z,\theta)$。

对于托盘等合作目标的位姿检测，标志点的形貌设计与安装位置在根源上决定了目标定位与测量的精度。在视觉形态学检测中，圆形具有可描述性的表达式、可测量的半径与法向量等良好的形态特征，因此被广泛应用于标志点的制备中。同时考虑到相机距离托盘位置较远，标志点在拍摄图像中所占比例极低，本节设计了双色多环圆形标志点，其为白色背景、黑色前景。标志点形貌、尺寸和安装位置如图 4-5 所示。一方面，本节设计的标志点能够在最大程度上贴合托盘的每个脚座并进行合理的安装；另一方面，圆形标志点设置为双色多环的形式，黑、白两色易于图像的边缘检测与阈值分割，多环设置使得每一个标志点中存在 3 个同心圆，保证了检测的鲁棒性，即不同角度的检测只需获取任意一个圆心坐标。

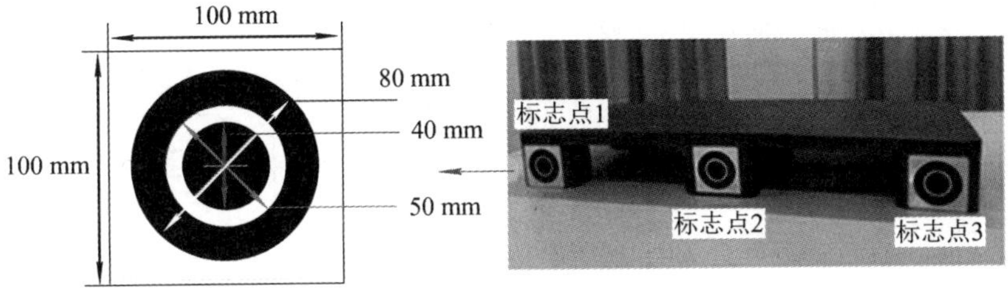


图 4 - 5　标志点与托盘

## 4.3.2　基于跨层连接的目标识别算法

本节采用 YOLOv3 算法的架构识别托盘或托盘上安置的标志点。考虑到标志点属于小目标范畴，因此本节采用基于跨层连接的改进 YOLOv3 算法来实现对标志点的准确识别。

与传统的 YOLOv3 算法不同的是，改进 YOLOv3 算法使用反卷积来替代特征聚合模块中的上采样操作，以更好地检测图像中的微小特征。反卷积在生成对抗网络领域率先被引入并应用[84]，其也被称为转置卷积。从本质上讲，反卷积是卷积运算的逆过程，它能将底层图像放大或恢复到原始尺寸。相较于单纯的上采样操作，反卷积能够深入挖掘每个像素的细微特征，并还原更为精细的局部特征，这一优势使得它特别适合于小目标的识别任务。然而，这种操作也可能造成图像中出现不均匀重叠的现象，尤其是当卷积核尺寸不能被步长整除时，这种现象称为“棋盘格现象”。为了缓解这个问题，本节在反卷积模块的最后一层中调整了参数设置，将步长设定为 1，以有效减少这种“棋盘格现象”。

除此之外，本节对最底层 2048 个通道的特征层实施多级重复卷积操作，并将这一操作结果整合到整个网络的每一层，而不仅仅是针对前一层。此过程中，本节进一步设置了多层反卷积机制，在不同的通道维度上实现了逐层与跨层连接，以更深入地进行特征提取。同时，来自第一块并行残差块的输出特征，经过了卷积层与最大池化层的处理后，同样被融入到整体网络结构中。这一融合操作确保了从低级至高级的所有特征层都得到了充分整合，并在保持完整性和全面性的前提下，提供了更为丰富和多层次的特征信息流。网络具体工作细节以及结构模型如图 4 - 6 所示。

在图 4 - 6 所示的网络结构中，反卷积模块由两层步幅为 1 的 2×2 反卷积组成，每个层的激活函数均为整流线性单元(Rectified Linear Unit，ReLU)，经激活函数处理后继续进行批量归一化处理。相较于传统的双线性插值上采样技术，反卷积层能够在提升特征图分辨率的同时，更侧重于图像细节的高保真提取，这对于增强网络表征能力非常有利。通过这些操作，该模块可以确保即使输入轻微变化也能引发显著的损失函数变动，进而增大梯度值并有效解决梯度消失问题。

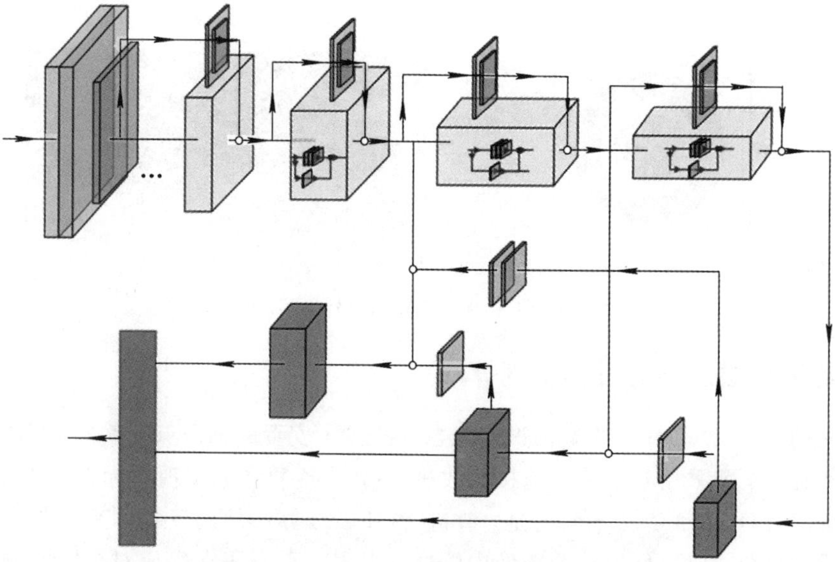

图 4-6　基于跨层连接的特征融合网络工作细节及结构模型

### 4.3.3　标志点精确定位

近端精确定位的椭圆检测存在像素分辨率问题，标志点区域在相机的大视场范围占据的像素数量少会导致椭圆检测失败，因此本节首先采用亚像素差值的方式进行图像的像素增强，接着进行边缘提取、椭圆拟合等步骤，得到最终检测结果，如图 4-7 所示。

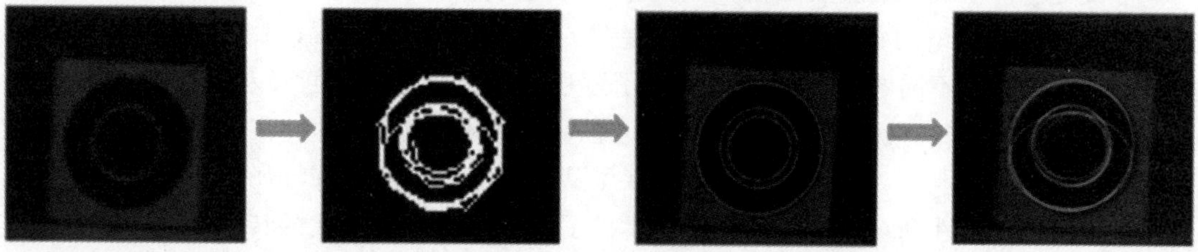

图 4-7　椭圆检测步骤

在标志点区域提取到椭圆信息后，获取其中心坐标，运用双目视觉系统的三角测量法便可以重构出标志点的精确三维坐标，三个标志点的坐标表示为$(x_i, y_i, z_i)_{i\in\{1,2,3\}}$。由于同名特征位置差异，获取的标志点分布分为图 4-8 所示的四种形式。这四种形式可以通过标志点的数量与间距进行区分。

如图 4-8(a)所示，对于形式一，以 2 号标志点的三维坐标作为托盘的位置坐标，以 1 号标志点到 2 号标志点的方向向量与水平轴的夹角作为托盘的水平倾角，即

$$\begin{cases}(x,y,z)=(x_2,y_2,z_2)\\ \theta=\arctan\dfrac{z_1-z_2}{x_1-x_2}\end{cases} \tag{4-14}$$

如图 4-8(b)所示，对于形式二，以 2 号标志点的三维坐标作为托盘的位置坐标，以 2 号标志点到 3 号标志点的方向向量与水平轴的夹角作为托盘的水平倾角，即

$$\begin{cases}(x,y,z)=(x_2,y_2,z_2)\\ \theta=\arctan\dfrac{z_2-z_3}{x_2-x_3}\end{cases} \tag{4-15}$$

如图 4-8(c)所示，对于形式三，以 1 号标志点与 3 号标志点中心的三维坐标作为托盘的位置坐标，以 1 号标志点到 3 号标志点的方向向量与水平轴的夹角作为托盘的水平倾角，即

$$\begin{cases}(x,y,z)=\dfrac{[(x_1,y_1,z_1)+(x_3,y_3,z_3)]}{2}\\ \theta=\arctan\dfrac{z_1-z_3}{x_1-x_3}\end{cases} \tag{4-16}$$

如图 4-8(d)所示，对于形式四，以所有标志点中心的三维坐标作为托盘的位置坐标，以 1 号标志点到 3 号标志点的方向向量与水平轴的夹角作为托盘的水平倾角，即

$$\begin{cases}(x,y,z)=\dfrac{1}{3}\sum\limits_{i=1}^{3}(x_i,y_i,z_i)\\ \theta=\arctan\dfrac{z_1-z_3}{x_1-x_3}\end{cases} \tag{4-17}$$

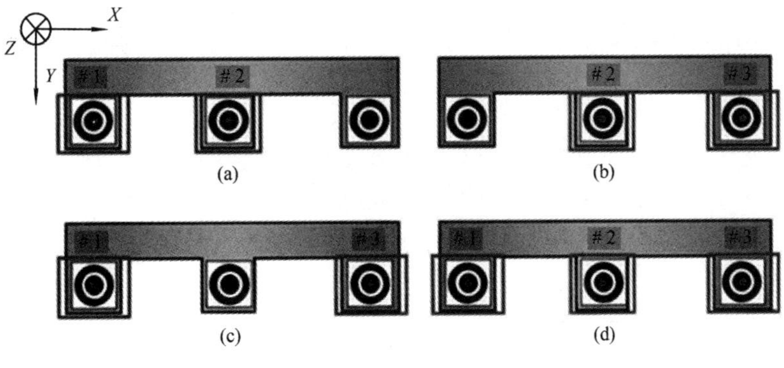


图 4-8　标志点分布

### 4.3.4 识别准确性验证实验

本节方案中，近距离精配准阶段主要进行标志点的识别与检测。因此标志点的准确识别是精确定位的关键，对数据集的采集与训练主要针对标志点进行。本节将标志点安置在托盘脚座上，将托盘放置于高度、场景、光强等条件不同的地点，并在不同时间对托盘进行数据集的采集，一共采集 600 张图像。其中 500 张图像作为训练集，其余 100 张作为验证集。挑选出部分标注的数据集如图 4-9 所示。

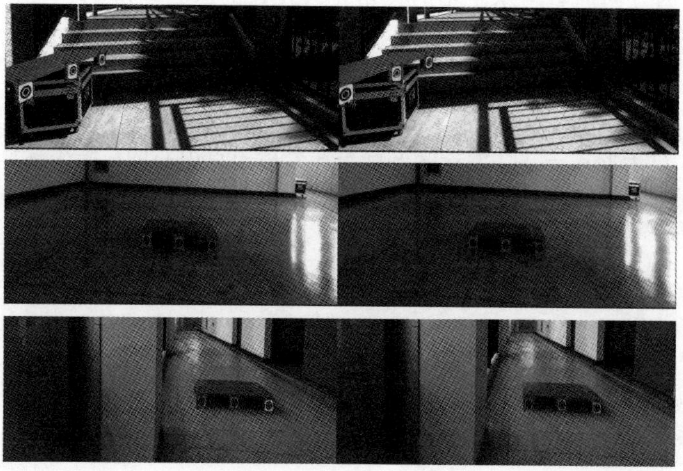

图 4-9 标志点识别所采集的部分带标注数据集

数据的训练与测试分别运用 YOLOv3、YOLOv4、YOLOv5m 以及本节提出的基于跨层连接的目标识别算法进行。为了确保托盘上圆形标志点的准确识别和图像中多个标志点的完整识别，本节在传统的精度指标之外引入了额外的评估指标，即误报率(False Alarm Rate，FAR)和漏检率(Missed Detection Rate，MDR)，这些指标的确定方法为

$$\begin{cases} \mathrm{FAR}=\dfrac{\mathrm{AlarmPic}}{\mathrm{TotalPic}} \\ \mathrm{MDR}=\dfrac{\mathrm{MissedPic}}{\mathrm{TotalPic}} \end{cases} \tag{4-18}$$

其中，AlarmPic 是存在误报的图像数量，MissedPic 是存在漏检的图像数量，TotalPic 是图像的总数量。

本节所提出的算法对托盘和标志点的识别结果如图 4-10 所示，其中包含了正例和反例结果。在这个实验中，托盘分布在立体相机视场中的不同位置，以模拟 AGV 的实际工作环境。

(a)

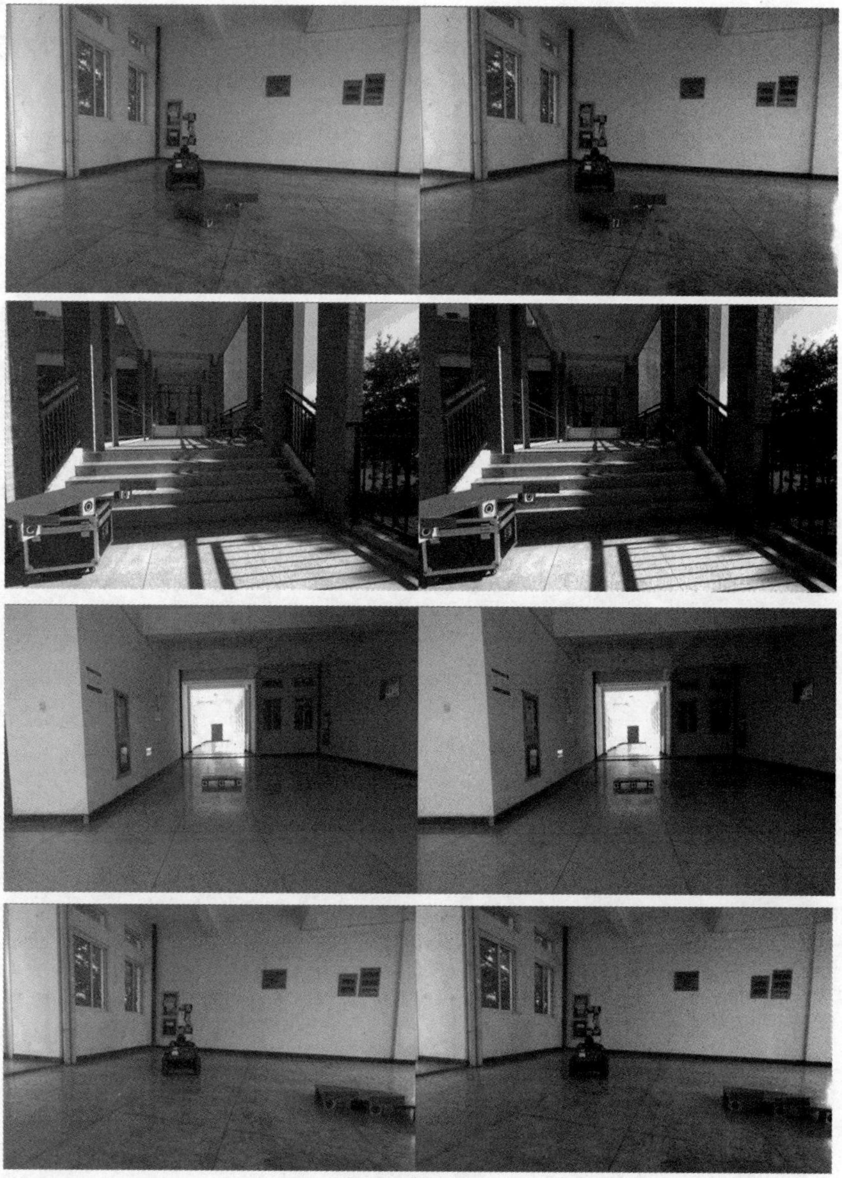

(b)

图 4-10 不同场景下检测结果

从图 4－10(a)可以看出，当托盘以不同的姿态和高度放置时，本节算法所构建的网络模型可以准确稳定地识别到左、右相机成像的圆形标志点。相比之下，在图 4－10(b)中，当极端情况（如托盘前面板的法向量与相机光轴之间的角度太大，曝光太强，标志点超出视野，目标距离太远、比例太小）发生时，原始图像信息相对缺失，导致漏检。然而，在实际应用中，对整个托盘预检测可以避免 AGV 在移动过程中与目标之间的大距离和大方位角。

为了进一步评估识别的准确性和及时性，本节测量了不同状态下的 4 个指标，包括精度、误报率(FAR)、漏检率(MDR)和每秒帧数(FPS)，并对各个算法所获得的结果进行了比较，如表 4－2 所示。从表中可以看出，4 种算法在相同条件下具有不同水平的识别结果，但精度均达到 92%以上，MDR 不超过 11.33%，EAR 低于 3.33%。本节所提出的算法具有更好的准确性(精度：95.78%，FAR：1.33%，MDR：6.67%)。YOLOv5m 算法的识别速度更快，FPS 高达 43.03；而 YOLOv4 算法的性能指标更为均衡。准确性和及时性是影响算法在 AGV 定位应用中实用价值的关键因素，必须根据实际情况选择不同的算法。确保算法实用性的关键是尽可能提高识别精度，前提是识别速度符合标准。

**表 4－2　4 种算法结果比较**

| 算　法 | 精度/% | FAR/% | MDR/% | FPS |
|---|---|---|---|---|
| YOLOv3 | 92.45 | 3.33 | 11.33 | 33.50 |
| YOLOv4 | 94.67 | 2.00 | 8.67 | 36.90 |
| YOLOv5m | 93.56 | 2.67 | 9.33 | 43.03 |
| 本节算法 | 95.78 | 1.33 | 6.67 | 33.10 |

本节中，托盘水平倾角的信息是通过多个标志点三维空间坐标运算得到的，因此标志点的重建精度决定了托盘的水平倾角信息以及位置信息，这里通过对标志点重建精度的验证来证明算法的有效性。由于实际三维空间坐标的真实值难以获取，因此精度的验证采用相对位移量的测量来进行。测试中，随机改变相机和托盘的相对位置，对得到的距离实时测量结果进行记录、分析，以验证本节算法的连续性和稳定性。为了检验技术性能，在动态测试过程中，托盘初始位置设置在距相机正前方约 2 m 的位置。同时考虑到动态条件下，目标三维空间坐标的精确数据难以稳定获取，因此通过测量位移量来间接验证本节提出算法的精度。测试时，相机分别沿与目标水平和垂直两个方向进行平移，每平移 0.5 m 进行一次数据的测量，共进行 5 组实验。同时，用一套 OptiTrack 动态量测系统进行定位与测量，并将测量值作为真实值。OptiTrack 是一套能够实现标记的高精度三维重建的光学系统，拥有 130 万、170 万和 410 万三种分辨率级别，且能达到亚毫米级的定位精度。

最终得到的距离测试数据与参考数据的对比如表 4-3 与表 4-4 所示。从中可以看出，本节所提出算法对目标进行测量时，在距离相机约为 3 m 的范围内误差均在 5 mm 范围内，垂直位移定位结果的最小误差低至 1.2 mm，该算法呈现出了较高的测量精度。

**表 4-3 水平位移定位结果与误差** 单位：mm

| 实验编号 | 标志点编号 | 三维坐标初始值 | | | 三维坐标当前值 | | | 距离估算值 | 距离真值 | 误差 |
|---|---|---|---|---|---|---|---|---|---|---|
| | | $x$ | $y$ | $z$ | $x$ | $y$ | $z$ | | | |
| #1 | #1 | −213.79 | 643.57 | 2296.46 | 289.00 | 649.04 | 2306.04 | 502.91 | 504.37 | 1.46 |
| | #2 | 214.79 | 639.31 | 2252.12 | 719.68 | 643.77 | 2258.58 | 504.96 | 505.99 | 1.03 |
| | #3 | 640.21 | 638.40 | 2230.08 | 1147.16 | 641.57 | 2239.58 | 507.05 | 508.67 | 1.62 |
| #2 | #1 | −213.79 | 643.57 | 2296.46 | 789.61 | 649.42 | 2298.70 | 1003.42 | 1001.48 | 1.94 |
| | #2 | 214.79 | 639.31 | 2252.12 | 790.68 | 640.70 | 2253.61 | 1005.47 | 1002.85 | 2.62 |
| | #3 | 640.21 | 638.40 | 2230.08 | 1648.35 | 640.84 | 2239.37 | 1008.19 | 1005.35 | 2.84 |
| #3 | #1 | −213.79 | 643.57 | 2296.46 | 1286.97 | 644.11 | 2301.77 | 1500.77 | 1496.71 | 4.06 |
| | #2 | 214.79 | 639.31 | 2252.12 | 1720.48 | 644.00 | 2252.24 | 1505.70 | 1501.75 | 3.95 |
| | #3 | 640.21 | 638.40 | 2230.08 | 2147.96 | 646.57 | 2238.77 | 1507.80 | 1504.50 | 3.30 |

**表 4-4 垂直位移定位结果与误差** 单位:mm

| 实验编号 | 标志点编号 | 三维坐标初始值 | | | 三维坐标当前值 | | | 距离估算值 | 距离真值 | 误差 |
|---|---|---|---|---|---|---|---|---|---|---|
| | | $x$ | $y$ | $z$ | $x$ | $y$ | $z$ | | | |
| #1 | #1 | −400.01 | 854.11 | 2164.40 | −396.70 | 863.09 | 2665.58 | 501.27 | 502.47 | 1.20 |
| | #2 | 31.50 | 873.21 | 2152.55 | 41.49 | 876.09 | 2656.70 | 504.25 | 505.89 | 1.64 |
| | #3 | 455.51 | 889.44 | 2143.13 | 460.16 | 897.08 | 2651.31 | 508.26 | 509.82 | 1.56 |
| #2 | #1 | −400.01 | 854.11 | 2164.40 | −399.01 | 855.89 | 3168.00 | 1003.60 | 1006.08 | 2.48 |
| | #2 | 31.50 | 873.21 | 2152.55 | 32.54 | 880.67 | 3159.91 | 1007.39 | 1010.40 | 3.01 |
| | #3 | 455.51 | 889.44 | 2143.13 | 456.40 | 897.42 | 3152.56 | 1009.46 | 1012.15 | 2.69 |

## 4.4 本章小结

本章首先对视觉检测领域相关的软件开发架构进行了介绍，重点对 OpenCV 这一开源架构及其数据结构进行了分析阐释；同时针对机器学习、深度学习，对视觉检测所涉及的核心内容进行了深入分析论证，并提出了一种基于跨层连接的 AGV 目标识别算法。该算法融合了图像处理、机器学习、深度学习的相关内容。实验结果表明，在改变托盘高度、角度以及场景时，该算法均实现了较好的定位效果。

# 第 5 章　立体视觉量测系统

立体视觉量测技术基于视差原理，通过分析多张图像来获取物体的三维几何信息。该技术涉及的系统包括单目、双目和多目视觉系统。双目和多目视觉系统能够同时从不同视角捕获数字图像，而单目视觉系统则在不同时间点从不同视角获取图像。这些系统利用视差原理，从捕获的图像中提取物体的三维几何信息，实现对周围环境三维结构和位置的重建。

## 5.1　量测原理与量测模型

### 5.1.1　立体视觉三维量测原理

在三维量测领域内，立体视觉技术主要依据视差原理。以双目视觉系统为例，图 5－1 展示了基本的平视双目立体成像原理，图中两台相机同时对空间中的一点 $P$ 进行成像，得到的左、右像点分别为 $p_l(x_l, y_l)$、$p_r(x_r, y_r)$。

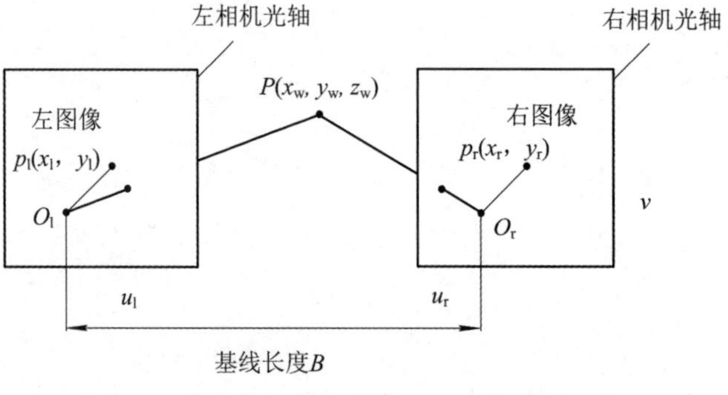


图 5－1　平视双目立体成像原理

最简单的双目视觉系统是平视双目立体结构，其核心特点是两个相机的成像面共面，因而在对空间点成像时，两个像点拥有相同的 $y$ 坐标。在此场景下，根据三角形法则可以得到

$$\begin{cases} x_l = f\dfrac{x_w}{z_w} \\ x_r = f\dfrac{x_w - B}{z_w} \\ y = f\dfrac{y_w}{z_w} \end{cases} \tag{5-1}$$

同时定义 $x_l - x_r$ 为视差 $D$，则空间点 $P$ 在相机坐标系中的三维坐标可表示为

$$\begin{cases} x_w = \dfrac{B \cdot x_l}{D} \\ y_w = \dfrac{B \cdot y}{D} \\ z_w = \dfrac{B \cdot f}{D} \end{cases} \tag{5-2}$$

基于上述推算，在立体视觉框架下，如果在左、右两台相机的成像面中均能确定空间中某一点所成的像，便能够根据以上理论推导出该点在三维空间中的确切位置。

### 5.1.2　立体视觉量测模型

平视双目立体视觉系统假定两个相机的成像面位于同一平面内，然而因为存在误差，现实中的双目立体视觉系统的成像面之间会存在偏离，因此需要立足于更普遍的情况建立立体视觉量测模型，如图 5-2 所示。

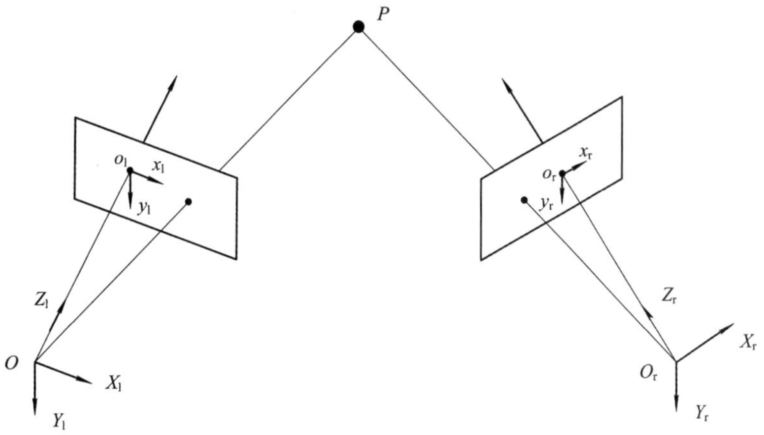


图 5-2　双目立体视觉系统(两台相机的摆放位置不做特别设定)

首先，两台相机的姿态不做特别的预设，它们的相机坐标系分别为 $O_lX_lY_lZ_l$ 和

$O_rX_rY_rZ_r$，焦距分别为 $f_l$ 和 $f_r$。假设以左相机镜头的光心为原点建立世界坐标系 $OXYZ$，并且 $O_lX_lY_lZ_l$ 与 $OXYZ$ 重合，左相机对应的图像坐标系为 $x_lo_ly_l$，而右相机对应的图像坐标系为 $x_ro_ry_r$。根据相机透视投影模型可以建立等式：

$$s_l\begin{bmatrix}x_l\\y_l\\1\end{bmatrix}=\begin{bmatrix}f_l&0&0\\0&f_l&0\\0&0&1\end{bmatrix}\begin{bmatrix}X\\Y\\Z\end{bmatrix},\ s_r\begin{bmatrix}x_r\\y_r\\1\end{bmatrix}=\begin{bmatrix}f_r&0&0\\0&f_r&0\\0&0&1\end{bmatrix}\begin{bmatrix}X_r\\Y_r\\Z_r\end{bmatrix} \tag{5-3}$$

同时如果将其中一台相机看作空间待成像目标，则两个相机之间的相机坐标系位姿转换关系同样可以表示为一个矩阵运算，设转换矩阵为 $\boldsymbol{M}_{lr}$，则

$$\begin{bmatrix}X_r\\Y_r\\Z_r\end{bmatrix}=\boldsymbol{M}_{lr}\begin{bmatrix}X\\Y\\Z\\1\end{bmatrix}=\begin{bmatrix}r_1&r_2&r_3&t_x\\r_4&r_5&r_6&t_y\\r_7&r_8&r_9&t_z\end{bmatrix}\begin{bmatrix}X\\Y\\Z\\1\end{bmatrix}=[\boldsymbol{R}\ \boldsymbol{T}]\begin{bmatrix}X\\Y\\Z\\1\end{bmatrix} \tag{5-4}$$

其中，$\boldsymbol{R}=\begin{bmatrix}r_1&r_2&r_3\\r_4&r_5&r_6\\r_7&r_8&r_9\end{bmatrix}$，$\boldsymbol{T}=\begin{bmatrix}t_x\\t_y\\t_z\end{bmatrix}$，分别为世界坐标系和右相机坐标系之间的旋转矩阵以及平移向量。

由式(5-3)和式(5-4)可知，对于世界坐标系中的点，两相机成像点之间的对应关系为

$$\mu\begin{bmatrix}x_r\\y_r\\1\end{bmatrix}=\begin{bmatrix}r_1f_r&r_2f_r&r_3f_r&t_xf_r\\r_4f_r&r_5f_r&r_6f_r&t_yf_r\\r_7&r_8&r_9&t_z\end{bmatrix}\begin{bmatrix}\dfrac{Zx_l}{f_l}\\\dfrac{Zy_l}{f_l}\\Z\\1\end{bmatrix} \tag{5-5}$$

其中，$\mu$ 为比例系数。因此，空间点三维坐标可以表示为

$$\begin{cases}X=\dfrac{Zx_l}{f_l}\\Y=\dfrac{Zy_l}{f_l}\\Z=\dfrac{f_l(f_rt_x-x_lt_z)}{y_r(r_7x_l+r_8y_l+f_lr_9)-f_r(r_4x_l+r_5y_l+f_lr_6)}\end{cases} \tag{5-6}$$

基于上述分析，在获取了相机的焦距 $f_l$、$f_r$ 以及待测点在两台相机图像中对应的像素坐标之后，仅需进一步计算旋转矩阵 $\boldsymbol{R}$ 和平移向量 $\boldsymbol{T}$，便能推算出待测点在三维空间中的精确位置。

## 5.2 空间点三维坐标重建

根据立体视觉的投影原理，物点坐标$(X, Y, Z)$与像点坐标$(x, y, z)$的投影关系可以描述为

$$\begin{bmatrix} x \\ y \\ z \end{bmatrix} = \begin{bmatrix} r_1 & r_2 & r_3 & t_x \\ r_4 & r_5 & r_6 & t_y \\ r_7 & r_8 & r_9 & t_z \end{bmatrix} \begin{bmatrix} X \\ Y \\ Z \\ 1 \end{bmatrix} \tag{5-7}$$

将式(5－7)改写成方程组的形式，可以得到

$$\begin{cases} x = r_1 X + r_2 Y + r_3 Z + t_x \\ y = r_4 X + r_5 Y + r_6 Z + t_y \\ z = r_7 X + r_8 Y + r_9 Z + t_x \end{cases} \tag{5-8}$$

齐次化后可得

$$\begin{cases} x' = \dfrac{x}{z} = \dfrac{r_1 X + r_2 Y + r_3 Z + t_x}{r_7 X + r_8 Y + r_9 Z + t_x} \\ y' = \dfrac{y}{z} = \dfrac{r_4 X + r_5 Y + r_6 Z + t_y}{r_7 X + r_8 Y + r_9 Z + t_x} \end{cases}$$

设物体像点的像素坐标为$(u, v)$，其与像点坐标$(x, y, z)$的关系为

$$\begin{bmatrix} u \\ v \\ 1 \end{bmatrix} = \begin{bmatrix} f_x & \alpha & c_x \\ 0 & f_y & c_y \\ 0 & 0 & 1 \end{bmatrix} \begin{bmatrix} x \\ y \\ z \end{bmatrix} = \begin{bmatrix} R_1 & R_2 & R_3 & T_x \\ R_4 & R_5 & R_6 & T_y \\ R_7 & R_8 & R_9 & T_z \end{bmatrix} \begin{bmatrix} X \\ Y \\ Z \\ 1 \end{bmatrix} \tag{5-9}$$

式中，$\alpha$ 是倾斜因子；$f_x$ 和 $f_y$ 分别是 $x$ 和 $y$ 方向的等效焦距；$c_x$ 和 $c_y$ 分别是 $x$ 和 $y$ 方向的主点坐标。继而得到归一化后的像素坐标为

$$\begin{cases} u' = \dfrac{R_1 X + R_2 Y + R_3 Z + T_x}{R_7 X + R_8 Y + R_9 Z + T_x} \\ v' = \dfrac{R_4 X + R_5 Y + R_6 Z + T_y}{R_7 X + R_8 Y + R_9 Z + T_x} \end{cases} \tag{5-10}$$

以双目相机为例，设物体像点在左、右两个相机上的像素坐标分别为$(u_l, v_l)$和$(u_r, v_r)$，根据式(5－10)可以得到

$$
\begin{cases}
u_1' = \dfrac{R_{l1}X + R_{l2}Y + R_{l3}Z + T_{lx}}{R_{l7}X + R_{l8}Y + R_{l9}Z + T_{lz}} \\
v_1' = \dfrac{R_{l4}X + R_{l5}Y + R_{l6}Z + T_{ly}}{R_{l7}X + R_{l8}Y + R_{l9}Z + T_{lz}} \\
u_r' = \dfrac{R_{r1}X + R_{r2}Y + R_{r3}Z + T_{rx}}{R_{r7}X + R_{r8}Y + R_{r9}Z + T_{rz}} \\
v_r' = \dfrac{R_{r4}X + R_{r5}Y + R_{r6}Z + T_{ry}}{R_{r7}X + R_{r8}Y + R_{r9}Z + T_{rz}}
\end{cases} \tag{5-11}
$$

式(5-11)能够在已知物体像点在左、右相机像素坐标和相机之间位姿关系的基础上，求解物点三维坐标$(X, Y, Z)$。式中未知数的个数是3，方程组的数量是4，这是一个超定问题。根据式(5-11)进一步得到

$$
\begin{cases}
(u_1'R_{l7} - R_{l1})X + (u_1'R_{l8} - R_{l2})Y + (u_1'R_{l9} - R_{l3})Z + (u_1'T_{lz} - T_{lx}) = 0 \\
(v_1'R_{l7} - R_{l1})X + (v_1'R_{l8} - R_{l2})Y + (v_1'R_{l9} - R_{l3})Z + (v_1'T_{lz} - T_{lx}) = 0 \\
(u_r'R_{r7} - R_{r1})X + (u_r'R_{r8} - R_{r2})Y + (u_r'R_{r9} - R_{r3})Z + (u_r'T_{rz} - T_{rx}) = 0 \\
(v_r'R_{r7} - R_{r1})X + (v_r'R_{r8} - R_{r2})Y + (v_r'R_{r9} - R_{r3})Z + (v_r'T_{rz} - T_{rx}) = 0
\end{cases} \tag{5-12}
$$

式(5-12)可以转化为矩阵形式$\mathbf{AX} = \mathbf{0}$。其中，

$$
\mathbf{A} = \begin{bmatrix}
u_1'R_{l7} - R_{l1} & u_1'R_{l8} - R_{l2} & u_1'R_{l9} - R_{l3} & u_1'T_{lz} - T_{lx} \\
v_1'R_{l7} - R_{l1} & v_1'R_{l8} - R_{l2} & v_1'R_{l9} - R_{l3} & v_1'T_{lz} - T_{lx} \\
u_r'R_{r7} - R_{r1} & u_r'R_{r8} - R_{r2} & u_r'R_{r9} - R_{r3} & u_r'T_{rz} - T_{rx} \\
v_r'R_{r7} - R_{r1} & v_r'R_{r8} - R_{r2} & v_r'R_{r9} - R_{r3} & v_r'T_{rz} - T_{rx}
\end{bmatrix} \tag{5-13}
$$

对矩阵$\mathbf{A}$进行SVD分解，矩阵$\mathbf{V}$的最后一列$[X, Y, Z, W]^T$就是方程$\mathbf{AX}=\mathbf{0}$的解，但是SVD的解是一个模为1的特征向量，因此特征向量的前三个元素需要除以最后一个元素$W$，才能得到最终的物点三维坐标。

## 5.3 量测系统精度分析与评价

立体视觉系统利用两台或多台相机，基于视差原理从多幅图像中获取物体三维坐标。为了分析量测系统精度与立体视觉系统参数的关系，本节以双目视觉系统为例，建立如图5-3所示的精度分析模型。为简化分析，假定两台相机水平放置，视觉系统的坐标原点为左侧相机的投影中心，所成图像坐标系为$X_1O_1Y_1$和$X_rO_rY_r$，$O_1o_1$和$O_ro_r$分别表示左、右两相机的光轴。两光学中心$o_1$、$o_r$的连线用$B$表示。物点$P$在左、右镜头中的像点分别用$p_1(X_1, Y_1)$和$p_r(X_r, Y_r)$表示，其在水平面上的投影点为$P'$。系统中两个相机光心之间的

距离即基线长度为 $B$，两光轴与基线的夹角分别用 $\alpha_l$、$\alpha_r$ 表示，相机焦距分别为 $f_l$、$f_r$，过 $P'$ 和相机光心的两条直线与光轴的夹角为水平投影角，分别用 $\omega_l$、$\omega_r$ 表示，点 $P$ 在垂直平面的投影点与光轴的夹角为垂直投影角，用 $\phi_l$ 和 $\phi_r$ 表示。

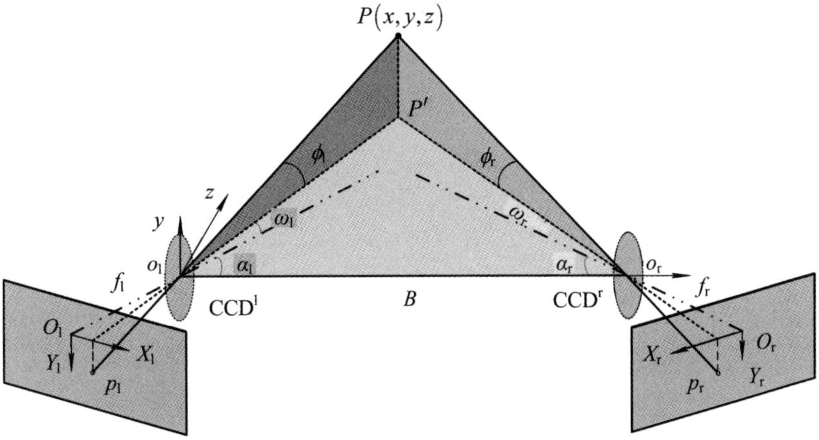


图 5-3　双目视觉系统精度分析模型

根据图 5-3 所示的几何关系，在 $\Delta o_l o_r P'$ 中有

$$x = \cot(\omega_l + \alpha_l) \cdot z \tag{5-14}$$

$$\cot(\omega_l + \alpha_l) \cdot z + \cot(\omega_r + \alpha_r) \cdot z = B \tag{5-15}$$

$z$ 为 $P$ 点在测量坐标系中 $z$ 轴的值，即物距。在 $\Delta PP'o_l$ 中，有

$$\tan\phi_l = \frac{y \cdot \sin(\omega_l + \alpha_l)}{z} \tag{5-16}$$

$P$ 点的三维坐标可表示为

$$\begin{cases} x = \dfrac{B\cot(\omega_l + \alpha_l)}{\cot(\omega_l + \alpha_l) + \cot(\omega_r + \alpha_r)} \\ y = \dfrac{z\tan\phi_l}{\sin(\omega_l + \alpha_l)} = \dfrac{z\tan\phi_r}{\sin(\omega_r + \alpha_r)} \\ z = \dfrac{B}{\cot(\omega_l + \alpha_l) + \cot(\omega_r + \alpha_r)} \end{cases} \tag{5-17}$$

其中，$\omega_l = \arctan\dfrac{X_l}{f_l}$，$\omega_r = \arctan\dfrac{X_r}{f_r}$，$\tan\phi_l = \dfrac{Y_l \cdot \cos\omega_l}{f_l}$，$\tan\phi_r = \dfrac{Y_2 \cdot \cos\omega_r}{f_r}$。

式(5-17)可被表示为矢量方程的形式：

$$p(x, y, z) = F(B, \alpha_l, \alpha_r, f_l, f_r, X_l, X_r, Y_l, Y_r) \tag{5-18}$$

根据综合分布误差理论，三维立体视觉量测的误差可通过 $x$、$y$、$z$ 轴的测量误差进行表达：

$$\Delta=\sqrt{\Delta x^2+\Delta y^2+\Delta z^2}=\sqrt{\sum_i\sum_{x,y,z}\left[\frac{\partial F(x,y,z)}{\partial_i}\cdot\delta_i\right]^2} \tag{5-19}$$

式中，$\delta$ 表示各参数的误差因子，各参数的测量误差可用 $\Psi_i=\sqrt{\sum_{x,y,z}\left[\frac{\partial F(x,y,z)}{\partial_i}\cdot\delta_i\right]^2}$ 表示。根据式(5-17)，图像各坐标点的误差可表示为

$$\begin{cases}\dfrac{\partial x}{\partial X_1}=-\dfrac{B}{2f_1}\cdot\dfrac{\cos^2\omega_1\cdot\sin 2\theta_r}{\sin^2(\theta_1+\theta_r)}\\[2ex]\dfrac{\partial x}{\partial X_r}=-\dfrac{B}{2f_r}\cdot\dfrac{\cos^2\omega_r\cdot\sin 2\theta_1}{\sin^2(\theta_1+\theta_r)}\end{cases} \tag{5-20}$$

$$\begin{cases}\dfrac{\partial z}{\partial X_1}=-\dfrac{B}{f_1}\cdot\dfrac{\cos^2\omega_1\cdot\sin^2\theta_r}{\sin^2(\theta_1+\theta_r)}\\[2ex]\dfrac{\partial z}{\partial X_r}=-\dfrac{B}{f_r}\cdot\dfrac{\cos^2\omega_r\cdot\sin^2\theta_1}{\sin^2(\theta_1+\theta_r)}\end{cases} \tag{5-21}$$

$$\begin{cases}\dfrac{\partial y}{\partial Y_1}=-\dfrac{B}{f_1}\cdot\dfrac{\cos\omega_1\cdot\sin\theta_r}{\sin(\theta_1+\theta_r)}\\[2ex]\dfrac{\partial y}{\partial Y_r}=-\dfrac{B}{f_r}\cdot\dfrac{\cos\omega_r\cdot\sin\theta_r}{\sin(\theta_1+\theta_r)}\end{cases} \tag{5-22}$$

$$\begin{cases}\dfrac{\partial y}{\partial X_1}=-\dfrac{B}{f_1}\cdot\dfrac{\tan\phi_1\cos\omega_1\sin\theta_r}{\sin(\theta_1+\theta_1)\sin\theta_1}\left[\dfrac{\cos\omega_1\sin\theta_r}{\sin(\theta_1+\theta_r)}+\cos\alpha_1\right]\\[2ex]\dfrac{\partial y}{\partial X_r}=-\dfrac{B}{f_r}\cdot\dfrac{\tan\phi_r\cos\omega_r\sin\theta_r}{\sin(\theta_1+\theta_r)\sin\theta_r}\left[\dfrac{\cos\omega_r\sin\theta_1}{\sin(\theta_1+\theta_r)}+\cos\alpha_r\right]\end{cases} \tag{5-23}$$

其中，$\theta_1=\omega_1+\alpha_1$，$\theta_r=\omega_r+\alpha_r$。

### 5.3.1 系统结构参数对精度的影响

#### 1. 夹角 $\alpha_1$、$\alpha_r$ 对精度的影响

1) $\alpha_1=\alpha_r=\alpha$

相机光轴与基线的夹角是影响相机相对位置和姿态的关键参数，它们的变化会对相机相对位置以及其他相关设定产生直接的影响。为了分析它们对精度的影响，这里首先假设 $\omega_1=\omega_r=\omega$，$\delta_X=\delta_Y=\delta$，$f_1=f_r=f$。设垂直平面投影角 $\phi=\phi_1=\phi_r=30°$，根据等式(5-18)～(5-23)，坐标点的测量误差可表示为

$$\Delta_{XY}=\frac{B\delta}{f}\cdot\frac{\sqrt{2}\cos\omega}{\sin 2\theta}\cdot\sqrt{\sin^2\theta+\frac{\cos^2\omega}{4\cos^2\theta}+\tan^2\phi\left(\frac{\cos\omega}{2\cos\theta}+\cos\alpha\right)^2} \tag{5-24}$$

其中，$\theta=\omega+\alpha$。分析式(5－24)可以发现，当夹角 $\omega$ 取值为[－65°，65°]时，光轴和基线的夹角 $\alpha$ 对测量误差有着明显的影响，相应得到的误差变化情况如图 5－4 所示。

分析图 5－4 中的误差分布可以得出，测量误差的变化可以分为以下几种情况。

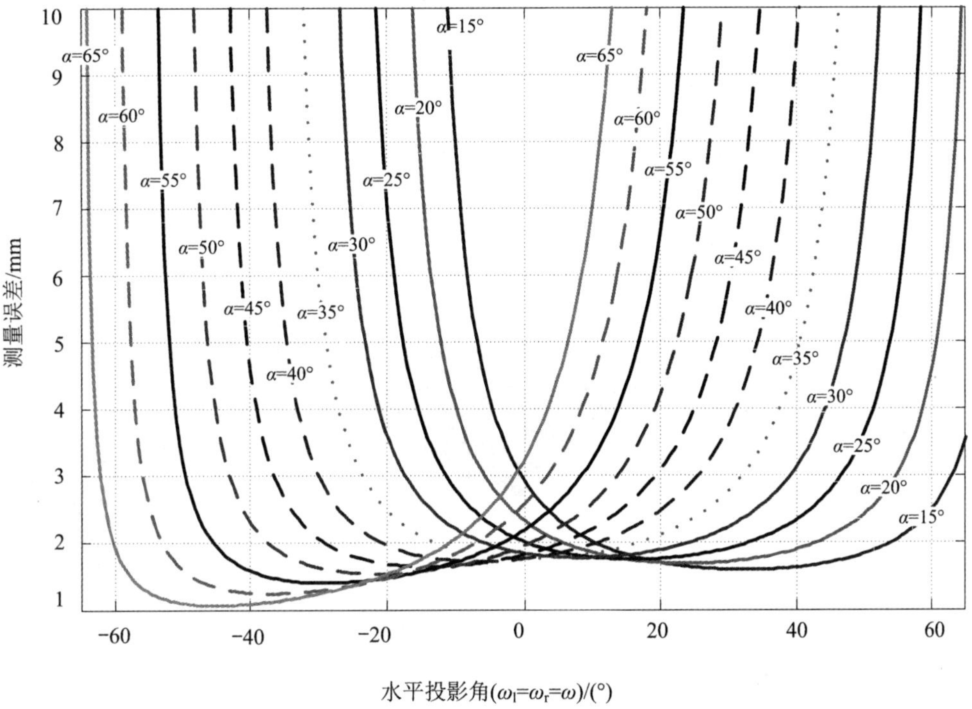


图 5－4　夹角 $\alpha$ 随水平投影角的变化对测量误差的影响

(1) 水平投影角大于 0°：当 $\omega\in[0°, 20°]$时，如果 $15°\leqslant\alpha\leqslant30°$，则误差与 $\alpha$ 呈负相关；如果 $35°\leqslant\alpha\leqslant65°$，则误差与 $\alpha$ 呈正相关；当 $\omega\in[20°, 65°]$时，误差与夹角 $\alpha$ 呈正相关。

(2) 水平投影角小于 0°：当 $\omega\in[-20°, 0°]$时，如果 $50°\leqslant\alpha\leqslant65°$，则误差与 $\alpha$ 呈正相关；如果 $15°\leqslant\alpha\leqslant45°$，则误差与 $\alpha$ 呈负相关；当 $\omega\in[-65°, -20°]$时，误差与夹角 $\alpha$ 呈负相关。

2) $\alpha_l\neq\alpha_r$

根据式(5－17)～式(5－19)，夹角 $\alpha_l$、$\alpha_r$ 引起的测量误差为

$$\Psi_{\alpha_l}=\frac{B\sin\theta_r}{\sin^2(\theta_l+\theta_r)}\sqrt{1+\frac{\tan^2\phi_l}{\sin^2\theta_l}\cdot[\sin\theta_r-\sin(\theta_l+\theta_r)\cos\theta_l]^2} \tag{5-25}$$

$$\Psi_{\alpha_r}=\frac{B\sin\theta_l}{\sin^2(\theta_l+\theta_r)}\sqrt{1+\frac{\tan^2\phi_r}{\sin^2\theta_r}\cdot[\sin\theta_l-\sin(\theta_l+\theta_r)\cos\theta_r]^2} \tag{5-26}$$

其中，$\theta_1=\omega_1+\alpha_1$，$\theta_r=\omega_r+\alpha_r$。当两个夹角分别在[30°，60°]变化时，总体误差为两个测量误差中的较大值：

$$\Psi_{\alpha_1\neq\alpha_r}=\max(\Psi_{\alpha_1},\ \Psi_{\alpha_r}) \tag{5-27}$$

根据式(5-25)～式(5-27)，$\alpha_1$、$\alpha_r$ 的误差分布特征如图 5-5 所示。

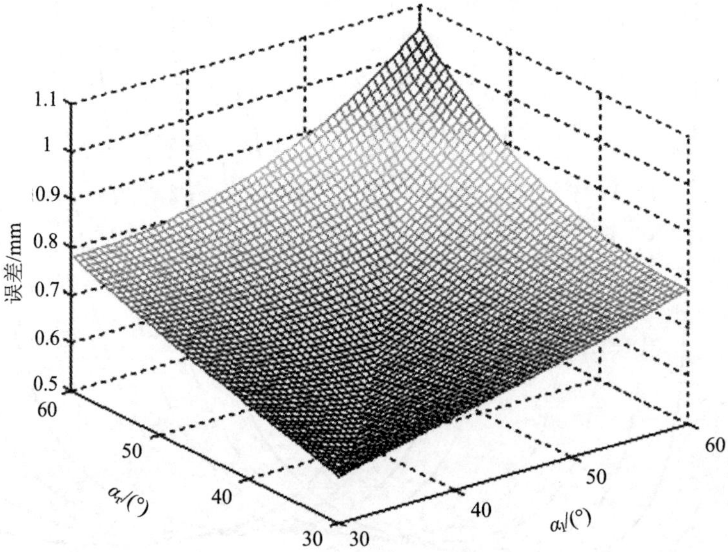


图 5-5　$\alpha_1$、$\alpha_r$ 的误差分布特征

在图 5-5 中，当 $\alpha_1$、$\alpha_r$ 在[30°，60°]范围内变化时，设定 $\omega_1=\omega_r=5°$，$\phi_1=\phi_r=30°$，当$\alpha_1=\alpha_r$ 时，误差分布为最小值。当两夹角逐渐增大时，误差也随之增加。

**2. 投影角的变化对精度的影响**

在图像投影过程中，投影角的变化直接影响投影点的位置。在图 5-3 中，如果垂直投影角 $\phi_1$、$\phi_r$ 的大小固定，那么空间点的投影位置必然随水平投影角变化而改变。从式(5-18)～式(5-23)可以推导出，水平投影角对测量误差的影响可以表示为

$$\Delta_{\omega_1\omega_r}=\frac{B\delta}{f}\cdot\frac{1}{\sin^2(\theta_1+\theta_r)}\cdot$$

$$\left\{\cos^2\omega_1\sin^2\theta_r\left[\sin^2(\theta_1+\theta_r)+\cos^2\omega_1+\frac{\tan^2\phi_1}{\sin^2\theta_r}[\cos\omega_1\sin\theta_r+\sin(\theta_1+\theta_r)\cos\alpha_1]^2\right]+\right.$$

$$\left.\cos^2\omega_r\sin^2\theta_1\left[\sin^2(\theta_1+\theta_r)+\cos^2\omega_r+\frac{\tan^2\phi_r}{\sin^2\theta_r}[\cos\omega_r\sin\theta_1+\sin(\theta_1+\theta_r)\cos\alpha_r]^2\right]\right\}^{\frac{1}{2}} \tag{5-28}$$

其中，$\theta_l=\omega_l+\alpha_l$，$\theta_r=\omega_r+\alpha_r$。

根据式(5-28)计算得到的测量误差与水平投影角的关系如图 5-6 所示，从图中可以发现，设定垂直投影角 $\phi_l=\phi_r=30°$，当 $\omega_l$、$\omega_r$ 在 $[-40°, 40°]$ 范围内变化时，误差大小从投影中心向四周逐渐增加，并且在两个投影角相等的位置上误差取得最小值。因此，若想得到最佳的测量结果，立体视觉系统应尽可能保证对目标投影角的分布对称。

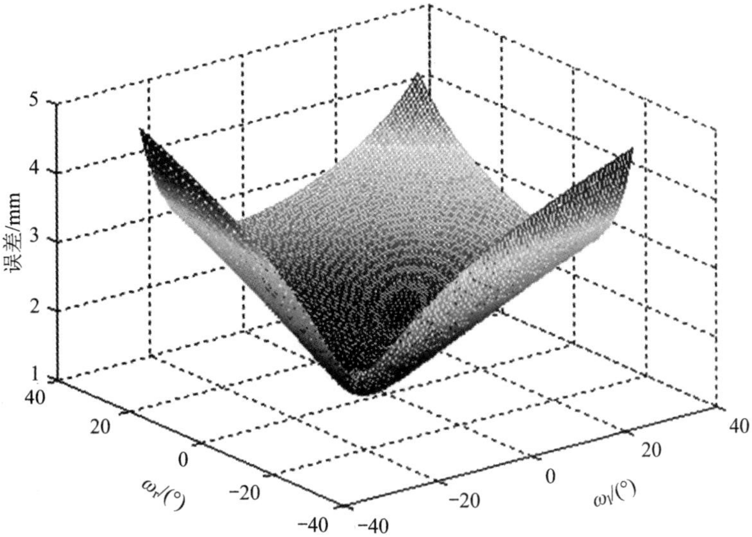


图 5-6　水平投影角 $\omega_l$，$\omega_r$ 对误差的影响

## 5.3.2　相机焦距对精度的影响

焦距是镜头特性中至关重要的一个参数，它反映了光线会聚点到成像传感器平面的垂直距离。焦距的选择需要考虑物体与相机之间的距离及所需的视场尺度。为了确定相机焦距对精度的影响，本节基于式(5-17)，推导出双目视觉系统中左、右相机焦距 $f_l$、$f_r$ 对测量误差的影响分别为

$$\zeta_{f_l}=\frac{B}{f_l}\frac{\sin\theta_r\sin\omega_l}{\sin(\theta_l+\theta_r)}\sqrt{\frac{\cos^2\omega_l}{\sin^2(\theta_l+\theta_r)}+\frac{\tan^2\phi_l}{\sin\theta_l}\cdot\left[\cos\alpha_l-\frac{\sin\theta_r\cos\omega_l}{\sin(\theta_l+\theta_r)}-\frac{\sin\theta_l}{\sin\omega_l}\right]^2} \quad (5-29)$$

$$\zeta_{f_r}=\frac{B}{f_r}\frac{\sin\theta_l\sin\omega_r}{\sin(\theta_l+\theta_r)}\sqrt{\frac{\cos^2\omega_r}{\sin^2(\theta_l+\theta_r)}+\frac{\tan^2\phi_r}{\sin\theta_r}\cdot\left[\cos\alpha_r-\frac{\sin\theta_l\cos\omega_r}{\sin(\theta_l+\theta_r)}-\frac{\sin\theta_r}{\sin\omega_r}\right]^2} \quad (5-30)$$

其中，$\theta_l=\omega_l+\alpha_l$，$\theta_r=\omega_r+\alpha_r$。在式(5-29)、式(5-30)的基础上计算得到的测量误差与焦距的关系如图 5-7 所示。

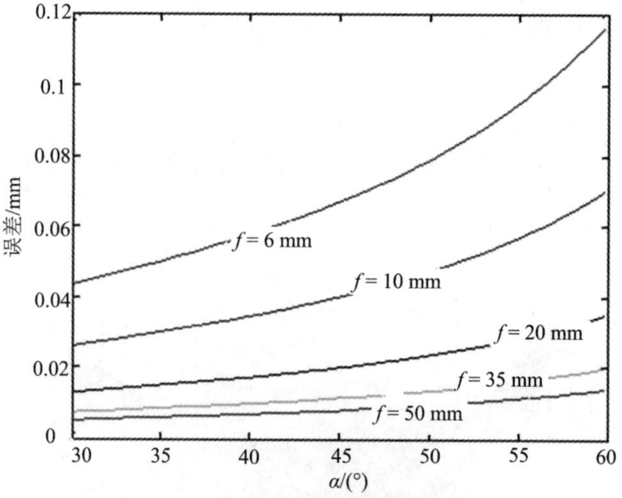


图 5-7 相机焦距对精度的影响

设定 $\omega_l = \omega_r = 5°$、$\phi_l = \phi_r = 30°$为前提条件，对图 5-7 进行分析可以发现，当 $\alpha_l$、$\alpha_r$ 在 [30°, 60°] 范围变化时，测量误差与焦距呈负相关。另外结合图 5-6 可知，测量误差与水平投影角呈正相关，由此说明，在大焦距的场景中，测量误差随视场角减小而减小。同时根据投影成像的性质，在视场大小一定的情况下，当焦距增加时，视场角会相应减小，反之亦然。因此，适当增大相机的焦距能够提高精度。

综合以上分析结果，可以得出以下结论：

(1) 当所测点在相机光轴上时，所得到的测量误差往往较大。因此这种情况应采取一定的额外措施。

(2) 相较于非对称结构，对称结构的测量误差较小。

### 5.3.3 相机基线和物距对精度的影响

基线长度是描述两个相机之间相对位置的关键参数，它的变化会直接影响相机的布局和视觉量测的精度。随着基线长度的改变，相机之间的夹角以及相机与物体之间的距离也会随之改变，进而使得焦距根据物体距离的变化而相应改变。

本节研究聚焦于两个相机光学轴的交点，并假定这两个相机位于同一平面且呈对称排列，以评估基线变化对精度的影响。这一方法通过分析特定交点来直观呈现基线长度与精度之间的关系。这种方法不仅有助于理解系统在实际应用中的行为特性，同时也为优化测量策略提供了一种更为直觉化且操作性更强的途径。

为了简化基线与精度相关性的分析，研究将两台相机固定于水平面上的对称位置，且设定 $\alpha_l=\alpha_r=\alpha$，$\omega_l=\omega_r=0°$，$\phi_l=\phi_r=0°$。根据式(5－17)，得到

$$y=\frac{z\tan\phi_l}{\sin(\omega_l+\alpha_l)}=\frac{z\tan\phi_r}{\sin(\omega_r+\alpha_r)}=0 \tag{5-31}$$

与此同时，被测物方位的改变直接影响 $x$ 轴和 $z$ 轴方向上的测量，根据式(5－20)、式(5－21)可以得到

$$\begin{cases}\dfrac{\partial x}{\partial X_l}=-\dfrac{z^2}{Bf_l}\cdot\dfrac{\cot(\omega_r+\alpha_r)}{\sin^2(\omega_l+\alpha_l)}\cos^2\omega_l\\[2ex]\dfrac{\partial x}{\partial X_r}=-\dfrac{z^2}{Bf_r}\cdot\dfrac{\cot(\omega_l+\alpha_l)}{\sin^2(\omega_r+\alpha_r)}\cos^2\omega_r\end{cases} \tag{5-32}$$

$$\begin{cases}\dfrac{\partial x}{\partial X_l}=\dfrac{z^2}{Bf_l}\cdot\dfrac{\cos^2\omega_l}{\sin^2(\omega_l+\alpha_l)}\\[2ex]\dfrac{\partial x}{\partial X_r}=\dfrac{z^2}{Bf_r}\cdot\dfrac{\cos^2\omega_r}{\sin^2(\omega_r+\alpha_r)}\end{cases} \tag{5-33}$$

设 $k=\dfrac{B}{z}$，$f_l=f_r=f$，则式(5－32)、式(5－33)可表示为

$$\frac{\partial x}{\partial X_l}=\frac{\partial x}{\partial X_r}=-\frac{z}{f}\cdot\frac{1}{k}\frac{\cot\alpha}{\sin^2\alpha} \tag{5-34}$$

$$\frac{\partial z}{\partial X_l}=\frac{\partial z}{\partial X_r}=\frac{z}{f}\cdot\frac{1}{k}\frac{1}{\sin^2\alpha} \tag{5-35}$$

同时令

$$e_1=\frac{1}{k}\frac{\cot\alpha}{\sin^2\alpha}=\frac{1}{2}+\frac{1}{8}k^2 \tag{5-36}$$

$$e_2=\frac{1}{k}\frac{1}{\sin^2\alpha}=\frac{1}{k}+\frac{1}{4}k \tag{5-37}$$

$$e_3=\sqrt{e_1^2+e_2^2} \tag{5-38}$$

故 $B$ 的误差可表示为

$$\Delta B_z=\sqrt{\Delta x^2+\Delta z^2}=\sqrt{2}\,\frac{z\delta}{f}e_3 \tag{5-39}$$

在一个确定的立体视觉系统中，$z$、$f$、$\delta$ 是一定的，因此从式(5－39)可以得出，$\Delta B_z$ 随 $e_3$ 变化而变化。而参数 $k=\dfrac{B}{z}$ 与测量误差的关系如图 5－8 所示。

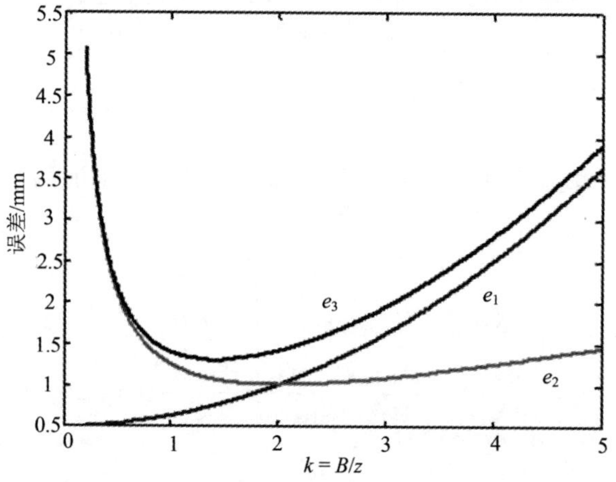


图 5-8 参数 $k = B/z$ 对测量误差的影响

根据以上讨论分析可以得出，在固定物距不变的前提下，随着基线长度的增加，测量误差也相应增长；而若保持基线长度不变，则测量误差会随着物距的增加显著上升。当参数 $k$ 在(0.8，2.2)内取值时，对应 $B=(0.8z，2.2z)$，此时双目视觉系统的测量误差处于较低水平。当 $k$ 不在上述范围内，特别是 $k<0.5$ 或 $k>3$ 时，此时相应的 $B<0.5z$ 或 $B>3z$，为了有效减小因相机布局所引起的测量误差以提升精度，相机的布局结构应当依据具体情况进行相应的优化调整。

## 5.4 本章小结

本章聚焦于立体视觉量测系统的理论原理、数学模型、精度分析等。本章首先详细讲解了立体视觉量测原理和量测模型，并提出了平视双目视觉系统的结构，并完成了空间点三维坐标的重建分析；在此基础上深入分析了各个参数对立体视觉量测系统精度的影响。本章构建了立体视觉量测系统的整体测量架构，说明了合理配置系统结构和参数以有效提高测量的准确性和可靠性，为进一步进行立体视觉量测应用打下了基础。

# 第 6 章　基于数字图像相关技术的变形测量

## 6.1　数字图像相关技术原理

基于数字图像相关技术的变形测量法将复杂的变形测量工作转换为对数字图像之间相关性的深度解析，其主要通过分析图像中的散斑灰度分布变化，以此确定物体变形前后的空间位置差异和尺寸改变情况。具体实施步骤涉及空域内的灰阶匹配操作，在选定的一个以待测点为中心的区域内，逐点比较并计算出该区域内点相对于参考点的位移量，并最终通过整合所有数据来获得整体变形参数。

图 6－1 描绘了待测物在变形前后散斑区域的对应关系。设点 $P$ 为参考图像子区的中心，其在像素空间的坐标是$(x_0, y_0)$，子区窗口包含$(2M+1)\times(2M+1)$个像素，$M$ 是中心到边缘的距离，其长度可以根据实际情况进行调整。

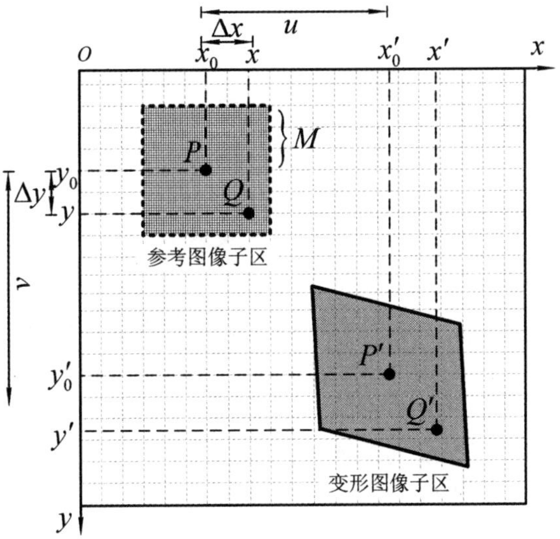


图 6－1　待测物变形前后散斑区域对应关系

参考图像子区内任意点 $Q(x_0+\Delta x, y_0+\Delta y)$ 与中心点 $P$ 在水平与竖直方向上的距离分别是 $\Delta x$ 和 $\Delta y$，子区形状发生改变后，$Q$ 点则移动到 $Q'(x', y')$ 点，$P$ 点变为 $P'$ 点，线段 $P'Q'$ 的长度相对于 $PQ$ 会发生改变。根据一阶形函数模型可以建立变形图像子区与参考图像子区中任意一点的对应关系式：

$$\begin{cases} x'_{\text{hom}}=x_0+\Delta x+u+\dfrac{\partial u}{\partial x}\Delta x+\dfrac{\partial u}{\partial y}\Delta y \\ y'_{\text{hom}}=y_0+\Delta y+v+\dfrac{\partial v}{\partial x}\Delta x+\dfrac{\partial v}{\partial y}\Delta y \end{cases} \tag{6-1}$$

式中，$u$、$v$ 分别是子区中心点沿水平和竖直方向的位移分量，$\dfrac{\partial u}{\partial x}$、$\dfrac{\partial u}{\partial y}$、$\dfrac{\partial v}{\partial x}$、$\dfrac{\partial v}{\partial y}$ 是参考图像子区变形后的一阶位移梯度，$x'_{\text{hom}}$、$y'_{\text{hom}}$ 是运算点均匀变形后的坐标分量。

对于非均匀的应变情况，可以通过二阶形函数建立变形前后子区散斑点坐标的对应关系：

$$\begin{cases} x'_{\text{hetero}}=x'_{\text{hom}}+\dfrac{1}{2}\dfrac{\partial^2 u}{\partial x^2}\Delta x^2+\dfrac{\partial^2 u}{\partial x\partial y}\Delta x\Delta y+\dfrac{1}{2}\dfrac{\partial^2 u}{\partial y^2}\Delta y^2 \\ y'_{\text{hetero}}=y'_{\text{hom}}+\dfrac{1}{2}\dfrac{\partial^2 v}{\partial x^2}\Delta x^2+\dfrac{\partial^2 v}{\partial x\partial y}\Delta x\Delta y+\dfrac{1}{2}\dfrac{\partial^2 v}{\partial y^2}\Delta y^2 \end{cases} \tag{6-2}$$

式中，$\dfrac{\partial^2 u}{\partial x^2}$、$\dfrac{\partial^2 u}{\partial x\partial y}$、$\dfrac{\partial^2 u}{\partial y^2}$、$\dfrac{\partial^2 v}{\partial x^2}$、$\dfrac{\partial^2 v}{\partial x\partial y}$、$\dfrac{\partial^2 v}{\partial y^2}$ 是参考图像子区变形后的二阶位移梯度，$x'_{\text{hetero}}$、$y'_{\text{hetero}}$ 是运算点非均匀变形后的坐标分量。式(6－2)可以选取适当的相关函数和迭代方法进行求解。

对比之下，二阶形函数在描述子区坐标间的联系时展现出了更高的准确性，但其计算量大、运算过程较为复杂；而一阶形函数具备较高的运算效率，同时其能够确保平面变形与立体变形的测量精度要求，这使得它广泛应用于变形测量领域。由式(6－1)可知，一阶形函数包括 6 个要素：$u$、$\dfrac{\partial u}{\partial x}$、$\dfrac{\partial u}{\partial y}$、$v$、$\dfrac{\partial v}{\partial x}$、$\dfrac{\partial v}{\partial y}$。这 6 个要素代表了水平和竖直方向上的位移及与其关联的梯度信息，这 6 个要素求解后，便可以此为基础通过形函数计算变形后散斑点的新像素坐标位置。

在基于数字图像相关技术的变形测量中，衡量变形图像子区与参考图像子区之间相似性的相关函数直接决定了后续散斑匹配的速度与精度。在变形测量实际操作中，即便是连续曝光所获取的图像，依然可能因光照不均、辅助光源光强波动、光源抖动等现象对测量造成不利影响。因此，抗噪能力、对光强变化的适应性等是选择相关函数的重要指标。同时，因曝光时间、感光单元、光圈、焦距等拍摄要素的差异，实际测量中尺度、类型等属性不同的散斑，其所得到的图像质量存在较大的不确定性。因此，在选择相关函数时需要考虑其抗干扰性能。本节研究选用了零均值归一化最小平方距离(Zero-mean Normalized Sum of Square Difference，ZNSSD)相关函数，该相关函数通过规范化和标准化处理，不仅在理论层面展现出了良好的抗噪性，并且在实际应用中也表现出稳定性和适应性。其数学表达形式为

$$C_{\mathrm{ZNSSD}}=\sum_{i=-M}^{M}\sum_{j=-M}^{M}\left[\frac{f(x_i,\ y_j)-f_m}{\sqrt{\sum_{i=-M}^{M}\sum_{j=-M}^{M}[f(x_i,\ y_j)-f_m]^2}}-\frac{g(x_i',\ y_j')-g_m}{\sqrt{\sum_{i=-M}^{M}\sum_{j=-M}^{M}[g(x_i',\ y_j')-g_m]^2}}\right]^2 \tag{6-3}$$

式中，$f(x_i,\ y_j)$是参考图像在点$(x_i,\ y_j)$处的灰度值，$g(x_i',\ y_j')$是变形图像中对应的同名点$(x_i',\ y_j')$处的灰度值，$f_m=\frac{1}{(2M+1)^2}\sum_{i=-M}^{M}\sum_{j=-M}^{M}f(x_i,\ y_j)$是变形前子区平均灰度值，$g_m=\frac{1}{(2M+1)^2}\sum_{i=-M}^{M}\sum_{j=-M}^{M}g(x_i',\ y_j')$是变形后子区平均灰度值，$M$是配准子区中心点到窗口边界距离像素尺寸。

零均值归一化最小平方距离相关函数定义在[0，4]区间内，其中最大相似度对应于数值 0，完全不相似时对应于数值 4。此相关函数结合一阶形函数模型，能实现亚像素级别的高精度散斑图像精确匹配。

## 6.2　散斑图像亚像素匹配

散斑图像匹配的基本原理是利用变形前后图像上的散斑灰度特征建立对应关系，然后根据此对应关系寻找变形前后图像上的对应点，从而得到散斑区域的位移值。目前主流的亚像素级别的散斑图像匹配方法包括 Newton-Raphson(N-R)算法、相关系数曲面(或曲线)拟合法、相关系数梯度法等，它们均以求解相关系数的极值点为核心思想。其中，N-R 算法具有较高精度，但需要进行迭代运算，运算量较大；而后两种算法无须迭代，但精度较低。

### 6.2.1　IGGA 的散斑图像亚像素匹配

灰度梯度迭代算法(Iterative and Gray-Gradient Algorithm，IGGA)[85]考虑了表征变形的全部参数，其能够用于测量各种面内变形的情况，计算过程中只需要求解灰度的一阶导数。相比于 N-R 算法，IGGA 保证了测量精度，且更加易于实现。

经典的 IGGA 依赖于一个前提假设，即“变形前后的图像中对应点的灰度值保持一致”。此基本假设是 IGGA 设计与运行的基础，旨在通过建立优化函数精确捕捉并分析在变形过程中的动态变化，从而确保算法处理的有效性和准确性。对于图像 $I_1$ 上的点

$(x, y)$和其在 $I_2$ 图像上的对应点$(x+u, y+v)$，其灰度关系为

$$I_1(x, y)=I_2(x+u, y+v) \tag{6-4}$$

在图像 $I_1$ 上，以点$(x, y)$为中心选择一个区域 $\Omega$，其位移可描述为

$$u_i=u+\frac{\partial u}{\partial x}\Delta x_i+\frac{\partial u}{\partial y}\Delta y_i \tag{6-5}$$

$$v_i=v+\frac{\partial v}{\partial x}\Delta x_i+\frac{\partial v}{\partial y}\Delta y_i \tag{6-6}$$

式中，$\Delta x_i=x_i-x$，$\Delta y_i=y_i-y$，$i$ 为选择的区域内点的索引。因此，图像 $I_1$ 中的点$(x_i, y_i)$在图像 $I_2$ 中对应的坐标即为$(x_i+u_i, y_i+v_i)$。它们之间的灰度关系为

$$I_1(x_i, y_i)=I_2\left(x_i+u+\frac{\partial u}{\partial x}\Delta x_i+\frac{\partial u}{\partial y}\Delta y_i, y_i+v+\frac{\partial v}{\partial x}\Delta x_i+\frac{\partial v}{\partial y}\Delta y_i\right) \tag{6-7}$$

此时，在式(6-7)中，存在6个未知量，记 $\boldsymbol{P}$ 为包含这6个量的向量，即

$$\boldsymbol{P}=\begin{bmatrix}u & \dfrac{\partial u}{\partial x} & \dfrac{\partial u}{\partial y} & v & \dfrac{\partial v}{\partial x} & \dfrac{\partial v}{\partial y}\end{bmatrix}^{\mathrm{T}} \tag{6-8}$$

对于 $\Omega$ 中的 $n$ 个点，可以得到方程组：

$$\begin{bmatrix}I_1(x_1, y_1)\\ I_1(x_2, y_2)\\ \vdots \\ I_1(x_n, y_n)\end{bmatrix}=\begin{bmatrix}I_2\left(x_1+u+\dfrac{\partial u}{\partial x}\Delta x_1+\dfrac{\partial u}{\partial y}\Delta y_1, y_1+v+\dfrac{\partial v}{\partial x}\Delta x_1+\dfrac{\partial v}{\partial y}\Delta y_1\right)\\ I_2\left(x_2+u+\dfrac{\partial u}{\partial x}\Delta x_2+\dfrac{\partial u}{\partial y}\Delta y_2, y_2+v+\dfrac{\partial v}{\partial x}\Delta x_2+\dfrac{\partial v}{\partial y}\Delta y_2\right)\\ \vdots \\ I_2\left(x_n+u+\dfrac{\partial u}{\partial x}\Delta x_n+\dfrac{\partial u}{\partial y}\Delta y_n, y_n+v+\dfrac{\partial v}{\partial x}\Delta x_n+\dfrac{\partial v}{\partial y}\Delta y_n\right)\end{bmatrix} \tag{6-9}$$

当 $n\geqslant 6$ 时，式(6-9)是一个超静定方程，为求解6个未知量，可采用 Newton 法。首先设定初值

$$\boldsymbol{P}^0=\begin{bmatrix}u^0 & \left(\dfrac{\partial u}{\partial x}\right)^0 & \left(\dfrac{\partial u}{\partial y}\right)^0 & v^0 & \left(\dfrac{\partial v}{\partial x}\right)^0 & \left(\dfrac{\partial v}{\partial y}\right)^0\end{bmatrix}^{\mathrm{T}} \tag{6-10}$$

经过 $k$ 次迭代后，得到的第 $k$ 次迭代解为

$$\boldsymbol{P}^k=\begin{bmatrix}u^k & \left(\dfrac{\partial u}{\partial x}\right)^k & \left(\dfrac{\partial u}{\partial y}\right)^k & v^k & \left(\dfrac{\partial v}{\partial x}\right)^k & \left(\dfrac{\partial v}{\partial y}\right)^k\end{bmatrix}^{\mathrm{T}} \tag{6-11}$$

根据式(6-11)，第 $k+1$ 次迭代后可得

$$\begin{bmatrix}\Delta I_1^k\\ \vdots \\ \Delta I_n^k\end{bmatrix}=\begin{bmatrix}\{C_1\}^k\\ \vdots \\ \{C_n\}^k\end{bmatrix}\cdot \Delta\boldsymbol{P}^{k+1} \tag{6-12}$$

式中，$\Delta I_i^k$、$\{C_i\}^k$、$\Delta\boldsymbol{P}^{k+1}$ 的定义分别为

$$\Delta I_i^k=I_1(x_i, y_i)-I_2(x_i+u_i^k, y_i+v_i^k) \tag{6-13}$$

$$\{C_i\}^k=\begin{bmatrix}\dfrac{\partial I_2(x_i+u_i^k,\ y_i+v_i^k)}{\partial x}\\ \dfrac{\partial I_2(x_i+u_i^k,\ y_i+v_i^k)}{\partial x}\Delta x_i\\ \dfrac{\partial I_2(x_i+u_i^k,\ y_i+v_i^k)}{\partial x}\Delta y_i\\ \dfrac{\partial I_2(x_i+u_i^k,\ y_i+v_i^k)}{\partial y}\\ \dfrac{\partial I_2(x_i+u_i^k,\ y_i+v_i^k)}{\partial y}\Delta x_i\\ \dfrac{\partial I_2(x_i+u_i^k,\ y_i+v_i^k)}{\partial y}\Delta y_i\end{bmatrix}^{\mathrm{T}} \tag{6-14}$$

$$\Delta\boldsymbol{P}^{k+1}=\left[\Delta u^{k+1}\quad \left(\Delta\frac{\partial u}{\partial x}\right)^{k+1}\quad \left(\Delta\frac{\partial u}{\partial y}\right)^{k+1}\quad \Delta v^{k+1}\quad \left(\Delta\frac{\partial v}{\partial x}\right)^{k+1}\quad \left(\Delta\frac{\partial v}{\partial y}\right)^{k+1}\right]^{\mathrm{T}} \tag{6-15}$$

其中，$u_i^k$ 和 $v_i^k$ 分别为

$$u_i^k=u^k+\left(\frac{\partial u}{\partial x}\right)^k\Delta x_i+\left(\frac{\partial u}{\partial y}\right)^k\Delta y_i \tag{6-16}$$

$$v_i^k=v^k+\left(\frac{\partial u}{\partial x}\right)^k\Delta x_i+\left(\frac{\partial u}{\partial y}\right)^k\Delta y_i \tag{6-17}$$

使用最小二乘法求解第 $k+1$ 次迭代步长 $\Delta\boldsymbol{P}^{k+1}$ 的值，可得

$$\begin{bmatrix}\{C_1\}^k\\ \vdots\\ \{C_n\}^k\end{bmatrix}^{\mathrm{T}}\begin{bmatrix}\Delta I_1^k\\ \vdots\\ \Delta I_n^k\end{bmatrix}=\begin{bmatrix}\{C_1\}^k\\ \vdots\\ \{C_n\}^k\end{bmatrix}^{\mathrm{T}}\begin{bmatrix}\{C_1\}^k\\ \vdots\\ \{C_n\}^k\end{bmatrix}\cdot\Delta\boldsymbol{P}^{k+1} \tag{6-18}$$

求解以上方程组即可得到 $\Delta\boldsymbol{P}^{k+1}$，第 $k+1$ 次迭代的解可表示为

$$\boldsymbol{P}^{k+1}=\boldsymbol{P}^k+\Delta\boldsymbol{P}^{k+1} \tag{6-19}$$

将第 $k+1$ 次迭代步长 $\Delta\boldsymbol{P}^{k+1}$ 与设定的阈值 $T$ 进行比较，存在以下 3 种情况：

(1) $\Delta\boldsymbol{P}^{k+1}\leqslant T$，则迭代结束，第 $k+1$ 次迭代的解 $\boldsymbol{P}^{k+1}$ 即为所求值；

(2) $\Delta\boldsymbol{P}^{k+1}>T$，且迭代次数尚未达到设定次数，则继续进行迭代求解；

(3) $\Delta\boldsymbol{P}^{k+1}>T$，且迭代次数超过设定次数，说明未达到求解目标，迭代结束。

通过以上的迭代求解过程，在正常收敛的情况下得到 $\boldsymbol{P}^{k+1}$ 的解后，便可进一步求得其他变量的值，进而得到点 $(x,y)$ 处的位移及其梯度值，完成散斑的匹配。

### 6.2.2 N-R 算法的散斑图像亚像素匹配

N-R 算法在解决图像亚像素匹配问题时能够得到更精确的结果，并具有快速收敛至最

优解的优势，从而在实际应用中备受青睐。使用 N-R 算法求解时，首先定义向量 $\boldsymbol{P}=[u\ u_x\ u_y\ v\ v_x\ v_y]^{\mathrm{T}}$。其中，$u$、$v$ 表示水平和竖直方向上的位移，$u_x$、$v_x$ 和 $u_y$、$v_y$ 分别表示水平和竖直方向上的位移梯度。然后将其与式(6-3)所示的零均值归一化最小平方距离相关函数相结合，建立相似度与变形量之间的相关函数 $C(\boldsymbol{P})$，$C(\boldsymbol{P})$ 的取值随参考图像子区与变形图像子区相似度的增大而减小。当相似度最大时相关函数 $C(\boldsymbol{P})$ 取得最小值，此时 $C(\boldsymbol{P})$ 的梯度趋近于 0，即

$$\begin{aligned}\nabla C(\boldsymbol{P})&=\left(\frac{\partial C}{\partial \boldsymbol{P}_{\hat{i}}}\right)_{\hat{i}=1,2,\cdots,6}\\&=-2\sum_{i=-M}^{M}\sum_{j=-M}^{M}\left\{\left[\frac{f(x_i,y_j)-f_m}{\Delta f}-\frac{g(x_i',y_j')-g_m}{\Delta g}\right]\cdot\frac{1}{\Delta g}\cdot\frac{\partial g(x_i',y_j')}{\partial \boldsymbol{P}_{\hat{i}}}\right\}_{\hat{i}=1,2,\cdots,6}\\&=0\end{aligned}\tag{6-20}$$

式中，$\Delta f=\sqrt{\sum_{i=-M}^{M}\sum_{j=-M}^{M}[f(x_i,y_j)-f_m]^2}$，$\Delta g=\sqrt{\sum_{i=-M}^{M}\sum_{j=-M}^{M}[g(x_i',y_j')-g_m]^2}$。

基于 N-R 算法的特性，能够得到迭代过程中参数调整的数学形式，于是构建关于 $\boldsymbol{P}$ 在第 $n+1$ 次与第 $n$ 次迭代过程中的更新公式：

$$\boldsymbol{P}^{n+1}=\boldsymbol{P}^{n}-\frac{\nabla C(\boldsymbol{P}^{n})}{\nabla\nabla C(\boldsymbol{P}^{n})}\tag{6-21}$$

式中，$\nabla\nabla C(\boldsymbol{P}^{n})$ 是相关函数的二阶偏导矩阵，即 Hessian 矩阵。推导出的 $\nabla\nabla C(\boldsymbol{P}^{n})$ 表达式为

$$\begin{aligned}\nabla\nabla C(\boldsymbol{P})=&-2\sum_{i=-M}^{M}\sum_{j=-M}^{M}\left\{\left[\frac{f(x_i,y_j)-f_m}{\Delta f}-\frac{g(x_i',y_j')-g_m}{\Delta g}\right]\cdot\right.\\&\left.\frac{1}{\Delta g}\cdot\frac{\partial^2 g(x_i',y_j')}{\partial \boldsymbol{P}_{\hat{i}}\partial \boldsymbol{P}_{\hat{j}}}\right\}_{\substack{\hat{i}=1,2,\cdots,6\\ \hat{j}=1,2,\cdots,6}}+\\&\frac{2}{(\Delta g)^2}\sum_{i=-M}^{M}\sum_{j=-M}^{M}\left[\frac{\partial^2 g(x_i',y_j')}{\partial \boldsymbol{P}_{\hat{i}}\partial \boldsymbol{P}_{\hat{j}}}\right]_{\substack{\hat{i}=1,2,\cdots,6\\ \hat{j}=1,2,\cdots,6}}\end{aligned}\tag{6-22}$$

当 $\boldsymbol{P}^{n}$ 接近理论最优值时，参考图像子区与变形图像子区间存在极高的相似度，而 $\frac{f(x_i,y_j)-f_m}{\Delta f}-\frac{g(x_i',y_j')-g_m}{\Delta g}$ 无限趋近于 0。根据这一理论基础，即可在保持精度的前提下，简化 Hessian 矩阵的计算步骤以提升迭代过程中的计算效率。简化后的 Hessian 矩阵计算方式为

$$\nabla\nabla C(\boldsymbol{P}) = \frac{2}{\sum_{i=-M}^{M}\sum_{j=-M}^{M}[(x_i', y_j') - g_m]^2} \cdot \sum_{i=-M}^{M}\sum_{j=-M}^{M}\left[\frac{\partial g(x_i', y_j')}{\partial \boldsymbol{P}_i} \frac{\partial g(x_i', y_j')}{\partial \boldsymbol{P}_j}\right]_{\substack{\hat{i}=1,2,\cdots,6 \\ \hat{j}=1,2,\cdots,6}} \tag{6-23}$$

此时，式(6－23)中各项要素的表述都已完备，因此便可以开始进行迭代，持续优化并更新列为向量 $\boldsymbol{P}=[u \quad u_x \quad u_y \quad v \quad v_x \quad v_y]^{\mathrm{T}}$。预设的收敛条件为

$$|\boldsymbol{P}^{n+1} - \boldsymbol{P}^{n}| < \Delta_{\text{threshold}} \tag{6-24}$$

应用式(6－24)时，根据理论和实践经验，阈值参数 $\Delta_{\text{threshold}}$ 通常设置为 $10^{-4} \sim 10^{-3}$。另外，为了确保算法的有效性并避免其陷入无限循环，迭代次数可设置一个上限值，如 50 次。进一步来说，在求解过程中，图像的灰度梯度和矩阵需要进行离散差分运算，这时可以利用 Barron 算子 $\left[\frac{1}{12}, -\frac{8}{12}, 0, \frac{8}{12}, -\frac{1}{12}\right]$ 来实现。

实验结果显示，应用 Barron 算子进行亚像素级位移估算时所获得的结果具有较高的计算精度和良好的稳定性，且优于 Prewitt 算子、Sobel 算子以及各向同性算子。

### 6.2.3　IC-GN 算法的散斑图像亚像素匹配

以反向组合高斯-牛顿(Inverse Compositional Gauss-Newton，IC-GN)算法为基础，融入零均值归一化最小平方距离相关函数，可以实现参考图像子区与变形图像子区的精确匹配。这一图像配准方法引入了两个关键组件：变形映射函数 $W(\boldsymbol{A};\boldsymbol{P})$ 及它的增量函数 $W(\boldsymbol{A};\Delta\boldsymbol{P})$，两者分别作用于变形图像子区和参考图像子区，通过反向的迭代更新流程，最终完成对参考图像子区与变形图像子区的精确匹配。根据该方法所采用的相关函数可得

$$C(\Delta\boldsymbol{P}) = \sum_{\boldsymbol{A}}\left[\frac{f(\boldsymbol{s}+W(\boldsymbol{A};\Delta\boldsymbol{P}))-\overline{f}}{\Delta f} - \frac{g(\boldsymbol{s}+W(\boldsymbol{A};\boldsymbol{P}))-\overline{g}}{\Delta g}\right]^2 \tag{6-25}$$

式中：$\boldsymbol{s}=[x_0 \quad y_0 \quad 1]^{\mathrm{T}}$ 是子区的中心点齐次坐标；$\boldsymbol{A}=[\Delta x \quad \Delta y \quad 1]^{\mathrm{T}}$ 是子区内运算点与中心点之间的距离；$\overline{f}=\frac{1}{N}\sum_{\boldsymbol{A}} f(\boldsymbol{s}+W(\boldsymbol{A};\Delta\boldsymbol{P}))$ 是参考图像子区内的平均灰度值；$\overline{g}=\frac{1}{N}\sum_{\boldsymbol{A}} g(\boldsymbol{s}+W(\boldsymbol{A};\boldsymbol{P}))$ 是变形图像子区内的平均灰度值；$N$ 是子区内像素点数量；$\Delta f=\sqrt{\sum_{\boldsymbol{A}}[f(\boldsymbol{s}+W(\boldsymbol{A};\Delta\boldsymbol{P}))-\overline{f}]^2}$；$\Delta g=\sqrt{\sum_{\boldsymbol{A}}[g(\boldsymbol{s}+W(\boldsymbol{A};\boldsymbol{P}))-\overline{g}]^2}$。

令 $\boldsymbol{P}=[u\ u_x\ u_y\ v\ v_x\ v_y]^{\mathrm{T}}$，则变形映射函数可以写成

$$W(\boldsymbol{A};\boldsymbol{P}) = \begin{bmatrix} 1+u_x & u_y & u \\ v_x & 1+v_y & v \\ 0 & 0 & 1 \end{bmatrix}\begin{bmatrix} \Delta x \\ \Delta y \\ 1 \end{bmatrix} \tag{6-26}$$

在 IC-GN 算法的反向匹配策略中，$W(\boldsymbol{A};\boldsymbol{P})$ 的增量函数作用于参考图像子区，因此还需给出 $W(\boldsymbol{A};\Delta\boldsymbol{P})$ 的表达式。令 $\boldsymbol{P}$ 的增量 $\Delta\boldsymbol{P}=[\Delta u \quad \Delta u_x \quad \Delta u_y \quad \Delta v \quad \Delta v_x \quad \Delta v_y]^{\mathrm{T}}$，则 $W(\boldsymbol{A};\Delta\boldsymbol{P})$ 可以表示为

$$W(\boldsymbol{A};\Delta\boldsymbol{P})=\begin{bmatrix}1+\Delta u_x & \Delta u_y & \Delta u\\ \Delta v_x & 1+\Delta v_y & \Delta v\\ 0 & 0 & 1\end{bmatrix}\begin{bmatrix}\Delta x\\ \Delta y\\ 1\end{bmatrix} \tag{6-27}$$

为了求解 $W(\boldsymbol{A};\Delta\boldsymbol{P})$，将式(6-27)进行 Taylor 级数展开，并保留一阶级数，可以得到

$$C(\Delta\boldsymbol{P})=\sum_{\boldsymbol{A}}\left[\frac{f(\boldsymbol{s}+\boldsymbol{A})+\nabla f\dfrac{\partial W}{\partial \boldsymbol{P}}\Delta\boldsymbol{P}-\overline{f}}{\Delta f}-\frac{g(\boldsymbol{s}+W(\boldsymbol{A};\boldsymbol{P}))-\overline{g}}{\Delta g}\right]^2 \tag{6-28}$$

式中：$\nabla f=\left(\dfrac{\partial f(\boldsymbol{s}+\boldsymbol{A})}{\partial x},\dfrac{\partial f(\boldsymbol{s}+\boldsymbol{A})}{\partial y}\right)$ 是参考图像子区的梯度；$\dfrac{\partial W}{\partial \boldsymbol{P}}$ 是变形映射函数的 Jacobian 矩阵，可以表示为

$$\frac{\partial W}{\partial \boldsymbol{P}}=\begin{bmatrix}1 & \Delta x & \Delta y & 0 & 0 & 0\\ 0 & 0 & 0 & 1 & \Delta x & \Delta y\end{bmatrix} \tag{6-29}$$

式(6-28)关于 $\Delta\boldsymbol{P}$ 取最小值，即 $\dfrac{\partial C(\Delta\boldsymbol{P})}{\partial(\Delta\boldsymbol{P})}=0$，则可以得到最小二乘解为

$$\Delta\boldsymbol{P}=-\boldsymbol{H}^{-1}\times\sum_{\boldsymbol{A}}\left\{\left(\nabla f\frac{\partial W}{\partial \boldsymbol{P}}\right)^{\mathrm{T}}\left[(f(\boldsymbol{s}+\boldsymbol{A})-\overline{f})-\frac{\Delta f}{\Delta g}(g(\boldsymbol{s}+W(\boldsymbol{A};\boldsymbol{P}))-\overline{g})\right]\right\} \tag{6-30}$$

式(6-30)中，$\boldsymbol{H}$ 为 $W(\boldsymbol{A};\Delta\boldsymbol{P})$ 对 $\Delta\boldsymbol{P}$ 的 Hessian 矩阵，计算方法为

$$\boldsymbol{H}=\sum_{\boldsymbol{A}}\left[\left(\nabla f\frac{\partial W}{\partial \boldsymbol{P}}\right)^{\mathrm{T}}\times\left(\nabla f\frac{\partial W}{\partial \boldsymbol{P}}\right)\right] \tag{6-31}$$

以上分析显示，子区 $f(\boldsymbol{s}+\boldsymbol{A})$ 的梯度变化以及 Jacobian 矩阵 $\partial W/\partial\boldsymbol{P}$ 是恒定的值，在匹配运算前便可以计算得到它们的值，从而有效减少计算量。另外，$\boldsymbol{H}$ 是一个 6 阶方阵，计算 $\boldsymbol{H}$ 时仅涉及 $\nabla f$ 和 $\dfrac{\partial W}{\partial \boldsymbol{P}}$。因此这一策略有效提升了算法整体运算效率。

在迭代过程中，变形映射函数的更新方法为

$$\begin{aligned}W(\boldsymbol{A};\boldsymbol{P})&\leftarrow W(\boldsymbol{A};\boldsymbol{P})W^{-1}(\boldsymbol{A};\Delta\boldsymbol{P})\\ &=\begin{bmatrix}1+u_x & u_y & u\\ v_x & 1+v_y & v\\ 0 & 0 & 1\end{bmatrix}=\begin{bmatrix}1+\Delta u_x & \Delta u_y & \Delta u\\ \Delta v_x & 1+\Delta v_y & \Delta v\\ 0 & 0 & 1\end{bmatrix}^{-1}\end{aligned} \tag{6-32}$$

将迭代的收敛条件设为

$$\begin{aligned}&[(\Delta u)^2+(\max(\Delta u)\cdot\Delta u_x)^2+(\max(\Delta y)\cdot\Delta u_y)^2+\\ &(\Delta v)^2+(\max(\Delta x)\cdot\Delta v_x)^2+(\max(\Delta y)\cdot\Delta v_y)^2]^{\frac{1}{2}}<\Delta_{\mathrm{threshold}}\end{aligned} \tag{6-33}$$

式(6－33)中，max(Δ$x$)和 max(Δ$y$)的值为子区边界尺寸减去 1 然后除以 2；式(6－30)中的 max(Δ$x$)和 max(Δ$y$)直接取 $M$；$\Delta_{\text{threshold}}$ 可以根据测量范围、变形量、散斑质量等因素进行合理设定。

# 6.3　基于多相机系统的立体变形测量技术

## 6.3.1　基于多相机网络联合约束优化配准的新型相关函数构建

在利用数字图像相关技术进行三维变形测量时，对左、右相机捕获的散斑图像进行高精度立体配准是一个关键环节。在此基础上结合二维像素数据与立体相机参数，才能精确完成对待测目标的空间形态和变形信息的全方位测量。然而，在实际进行视觉测量时，因视角差异与投影畸变的影响，不同相机所获得的散斑子区不可能完全一致，若直接采用二维 DIC 技术进行图像间同名点的配准，极易导致配准错误或失败；而要减小视角差异带来的影响，则需要调整相机姿态以使各相机光轴大致平行，这又会影响相机的公共视野。基于上述原因，直接应用二维 DIC 技术进行同名点的立体配准并非理想选择。本节深入探讨满足极线几何约束条件的图像配准原则，并结合多相机网络的约束条件与相关函数，提出了一种基于多相机网络联合约束优化配准(Registration With Joint Costraint Optimization，RJCO)算法，以提升散斑立体配准的效率并节省时间，实现更高效、精确的立体配准处理流程。

图 6－2 通过一个多目视觉系统直观展示了多极线几何约束关系。图中，$P_w$ 是空间中的一个点，经过不同相机成像后得到了一组像点 $p_1$、$p_2$、…、$p_i$。根据极线约束关系，当任意两个相机对同一空间点成像时，则该点与这两台相机的原点共面，从而能够建立一种共面约束关系。

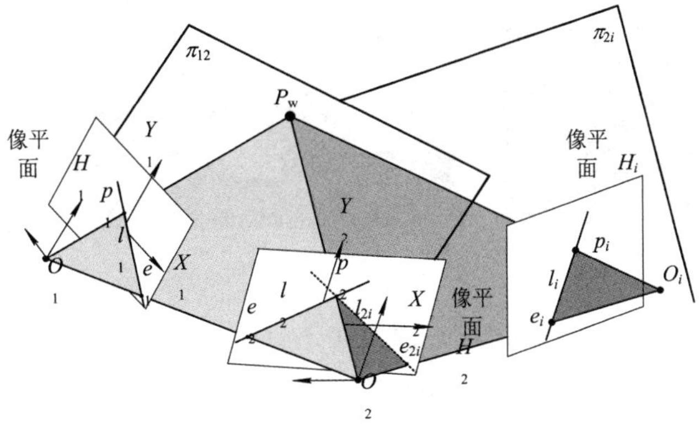


图 6－2　多目视觉系统多极线几何约束关系

以像平面 $H_2$ 和 $H_i$ 为例，由相机原点 $O_2$ 与点 $P_w$ 所确定的直线在像平面 $H_i$ 上的投影为过点 $e_i$ 和 $p_i$ 的直线 $l_i$，其中 $e_i$ 是 $O_2$ 的投影点。直线 $l_i$ 是投影面与像平面 $H_i$ 的交线，把直线 $l_i$ 叫作像点 $p_2$ 在像平面 $H_i$ 中的外极线，点 $e_i$ 叫作外极点。同理，其他像平面中均存在与像点相对应的外极线。

对于给定的像点 $p_2$，设其齐次坐标为 $[x'_2\ y'_2\ 1]^{\mathrm{T}}$，则 $p_2$ 点通过 $p_i$ 和外极点 $e_i$ 的外极线 $l_i$ 方程可以表示为

$$l_i = \boldsymbol{F}p_2 = \begin{bmatrix} f_{11} & f_{12} & f_{13} \\ f_{21} & f_{22} & f_{23} \\ f_{31} & f_{32} & f_{33} \end{bmatrix} \begin{bmatrix} x'_2 \\ y'_2 \\ 1 \end{bmatrix} \tag{6-34}$$

式中，$\boldsymbol{F}$ 表示两个相机间的基础矩阵。在立体视觉系统中，相机间的基础矩阵是关键要素，它包含了两个相机间的外部参数，描述了外极线约束关系。外极线约束作为一种重要工具，能够用于求解空间特征点坐标，帮助完成特征点之间的配准。将多相机网络联合约束优化得到的外部参数关系融入相关函数中，可以提升整体系统处理效能与匹配精度。首先设极线方程为

$$y = k_0 x + e_0 \tag{6-35}$$

通过确定多台相机之间的外部参数相对关系，不同相机像平面上同名散斑点的查找区间被限定于极线临近区域中。因此，在双目视觉系统背景下，针对右相机所捕获画面中的散斑点进行搜索的范围可描述为

$$F_p(x, e) = k_0 x + e \quad (e_{\min} \leqslant e \leqslant e_{\max}) \tag{6-36}$$

其中，$e_{\min}$ 和 $e_{\max}$ 分别表示在右相机图像中极线附近搜索对应散斑点亚像素的下限和上限，所限定的搜索区域如图 6-3 所示。

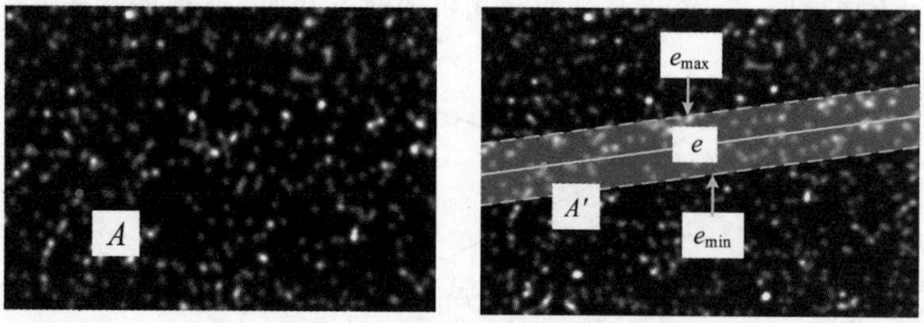

图 6-3 基于多相机网络联合约束优化的散斑立体配准搜索区域

在图 6-3 所示的场景中，若在左相机的像平面上选择一个特定点 $A$，如图 6-3(a)所示，则在右相机像平面上，与之对应的同名点 $A'$ 应该位于其对应的右极线上，如图 6-3(b)所示。但是，在实际确定多相机系统的相对外部参数时，由于模型误差和外部干

扰的影响，确定的极线约束可能会有一定的偏差。因此，为了找到具有最高相关系数峰值的最优匹配点，在图 6-3 中设置了一个黄色的搜索区域，该区域沿着极线方程的界限浮动。

接着将基于多相机网络联合约束优化得到的极线方程代入零均值归一化最小平方距离相关函数中，则新生成的相关函数表达式可以改写成关于 $x_i'$ 和 $e$ 的约束形式：

$$C_{\mathrm{ZNSSD}}=\sum_{i=-M}^{M}\sum_{j=-M}^{M}\left[\frac{f(x_i, y_j)-f_m}{\sqrt{\sum_{i=-M}^{M}\sum_{j=-M}^{M}[f(x_i, y_j)-f_m]^2}}-\frac{g(x_i', kx_i'+e)-g_m}{\sqrt{\sum_{i=-M}^{M}\sum_{j=-M}^{M}[g(x_i', y_j')-g_m]^2}}\right]^2 \tag{6-37}$$

式(6-37)展示的相关函数减少了散斑立体匹配所需的计算量，并加快了寻找图像对间同名散斑点的速度。多相机网络联合约束优化配准算法的优势还表现在提高散斑点的三维空间坐标重建的准确性上，三维重建的精度依赖于相机内部参数和外部参数的准确性。多相机网络联合约束优化配准算法能够优化相机间的位置和姿态参数，从而提升数字图像相关技术的性能。

### 6.3.2　三维重建及变形信息拟合

考虑相机成像畸变校正，空间点 $P_{\mathrm{w}}(X_{\mathrm{w}}, Y_{\mathrm{w}}, Z_{\mathrm{w}})$ 经两台相机投影后，所成的像在左相机和右相机上的坐标分别用 $(u_1, v_1)$ 和 $(u_{\mathrm{r}}, v_{\mathrm{r}})$ 表示，$u_{01}$、$v_{01}$、$\alpha_1$、$\beta_1$ 及 $u_{0\mathrm{r}}$、$v_{0\mathrm{r}}$、$\alpha_{\mathrm{r}}$、$\beta_{\mathrm{r}}$ 分别为左、右相机的内部参数，$r_1$、$r_2$…、$r_9$ 和 $t_x$、$t_y$、$t_z$ 则表示两个相机间的外部参数。以左相机坐标系作为世界坐标系。对左、右图像配准后，通过上述信息便可计算空间点在世界坐标系中的三维空间信息，即

$$X_{\mathrm{w}}=\frac{(u_1-u_{01})Z_{\mathrm{w}}}{\alpha_1}, Y_{\mathrm{w}}=\frac{(v_1-v_{01})Z_{\mathrm{w}}}{\beta_1}, Z_{\mathrm{w}}=\frac{\alpha_1\beta_1(t_z u_{\mathrm{r}}-D)}{R} \tag{6-38}$$

式中：下标 l 和 r 分别表示双目相机中的左、右相机；参数 $R=\beta_1(A-r_7u_{\mathrm{r}})(u_1-u_{01})+\alpha_1(B-r_8u_{\mathrm{r}})(v_1-v_{01})+\alpha_1\beta_1(C-r_9u_{\mathrm{r}})$；$A$、$B$、$C$、$D$ 为系数，其中 $A=\alpha_{\mathrm{r}}r_1+u_{0\mathrm{r}}r_7$，$B=\alpha_{\mathrm{r}}r_2+u_{0\mathrm{r}}r_8$，$C=\alpha_{\mathrm{r}}r_3+u_{0\mathrm{r}}r_9$，$D=\alpha_{\mathrm{r}}t_x+u_{0\mathrm{r}}t_z$。

假定初始状态下被测物体表面一点变形前后在三维空间中的坐标分别为 $P_{\mathrm{w}}(X_{\mathrm{w}}, Y_{\mathrm{w}}, Z_{\mathrm{w}})$ 和 $P'_{\mathrm{w}}(X_{\mathrm{w}}', Y_{\mathrm{w}}', Z_{\mathrm{w}}')$，那么该点的三维变形量就可以使用变形前后坐标点点差进行表述，即

$$\begin{cases}U=X_{\mathrm{w}}'-X_{\mathrm{w}}\\V=Y_{\mathrm{w}}'-Y_{\mathrm{w}}\\W=Z_{\mathrm{w}}'-Z_{\mathrm{w}}\end{cases} \tag{6-39}$$

其中，$U$、$V$、$W$ 依次是三维空间中三个方向上的变形量。

在进行物体的三维变形测量时，如果采集的特征点数量达到一定规模，便能够直接通过这些点的三维坐标来重建被测物体的三维形状。然而，在实际的测量操作中，采样的像素间距一般为 4 到 15 像素，而且通过数字图像相关技术得到的位移场可能包含噪声[86]。因此，不能仅仅依赖有限的测量点坐标直接推断曲面的变形或几何形状，而应该基于这些采样点进行曲面拟合。本节采用最小二乘法对以待测点为中心的局部区域进行曲面拟合。在进行拟合之前，需要在参考图像上建立一个物体表面坐标系，通过比较散斑点在世界坐标系和物体表面坐标系中的坐标，来确定两个坐标系之间的旋转矩阵 $\boldsymbol{R}_{\mathrm{we}}$ 和平移向量 $\boldsymbol{T}_{\mathrm{we}}$，从而得出坐标转换关系，即

$$\begin{bmatrix} X_{\mathrm{e}} \\ Y_{\mathrm{e}} \\ Z_{\mathrm{e}} \end{bmatrix} = \boldsymbol{R}_{\mathrm{we}} \begin{bmatrix} X_{\mathrm{w}} \\ Y_{\mathrm{w}} \\ Z_{\mathrm{w}} \end{bmatrix} + \boldsymbol{T}_{\mathrm{we}} \tag{6-40}$$

其中，$(X_{\mathrm{e}}, Y_{\mathrm{e}}, Z_{\mathrm{e}})$与$(X_{\mathrm{w}}, Y_{\mathrm{w}}, Z_{\mathrm{w}})$分别是散斑点在物体表面坐标系与世界坐标系下的三维坐标。

此时可以得到坐标系 $O_{\mathrm{e}}X_{\mathrm{e}}Y_{\mathrm{e}}Z_{\mathrm{e}}$ 下的变形前三维点 $P_{\mathrm{e}}(X_{\mathrm{e}}, Y_{\mathrm{e}}, Z_{\mathrm{e}})$与其对应的位移矢量$(U_{\mathrm{e}}, V_{\mathrm{e}}, W_{\mathrm{e}})$。最后基于二次曲面拟合方程建立位移场函数：

$$\begin{cases} U_{\mathrm{e}} = a_1^X X_{\mathrm{e}}^2 + a_2^X Y_{\mathrm{e}}^2 + a_3^X X_{\mathrm{e}} Y_{\mathrm{e}} + a_4^x X_{\mathrm{e}} + a_5^X Y_{\mathrm{e}} + a_6^X \\ V_{\mathrm{e}} = a_1^Y X_{\mathrm{e}}^2 + a_2^Y Y_{\mathrm{e}}^2 + a_3^Y X_{\mathrm{e}} Y_{\mathrm{e}} + a_4^Y X_{\mathrm{e}} + a_5^Y Y_{\mathrm{e}} + a_6^Y \\ W_{\mathrm{e}} = a_1^Z X_{\mathrm{e}}^2 + a_2^Z Y_{\mathrm{e}}^2 + a_3^Z X_{\mathrm{e}} Y_{\mathrm{e}} + a_4^Z X_{\mathrm{e}} + a_5^Z Y_{\mathrm{e}} + a_6^Z \end{cases} \tag{6-41}$$

式中，$(X_{\mathrm{e}}, Y_{\mathrm{e}}, Z_{\mathrm{e}})$是物体表面坐标系下的空间坐标；$a_{\chi}^{\tau}(\chi=1, \cdots, 6; \tau=X, Y, Z)$是二次曲面拟合的系数。根据拟合出来的系数就可以计算出全场的三维变形量，并进行变形云图的重构。

这里以飞行器翼面的三维变形测量为场景进行仿真实验，翼面几何形状通常为长细形态。针对实际的翼面三维变形测量，本节提出方法的实施步骤具体如下：

(1) 硬件系统构建：构建视觉量测系统的硬件架构，通过求解多相机网络联合约束优化方程来精确获取相机的内、外部参数。

(2) 图像采集与预处理：对带有散斑的模拟翼面进行图像采集，并对获取到的图像进行降噪、增强等处理，以提高图像质量，然后对各相机从不同视角捕获的图像进行编号。

(3) 立体配准：针对得到的散斑图像，首先对散斑点进行编号，然后使用步骤(1)中得到的相机内、外部参数，依据式(6-37)完成选定相机对的散斑图像子区立体配准。

(4) 时序配准：利用选定的左相机翼面变形前后的参考图像和变形图像，执行时序配准计算。之后，重复步骤(3)以配准变形后左、右图像中的同名散斑点。

(5) 坐标校正与三维重建：对计算区域内的散斑点坐标进行畸变校正，然后利用相机间的外部参数，通过公式(6-38)重构散斑的三维空间坐标，使用公式(6-39)计算采样点的三维变形量。

(6) 变形场拟合与云图构建：在物体表面建立坐标系，并确定从世界坐标系到表面坐标系的转换矩阵。利用转换后采样点的数据对变形场进行拟合，最终实现翼面三维变形云图的构建。

## 6.4　变形测量实验与误差分析

多相机网络间的相对参数优化完成后，该多相机系统就可以应用于目标的变形测量实验。首先将散斑图案附着在模拟飞行器翼面之上，完成模拟测量目标的制备，并将其固定在三坐标测量装置上，如图 6－4 所示。实验中使用的三坐标测量装置为 Hexagon Global SR，其测量空间大小为 900 mm×2000 mm×800 mm，测量分辨率为 0.2 μm，测量精度可达(0.8+$L$/400)μm($L$ 为测量距离)。

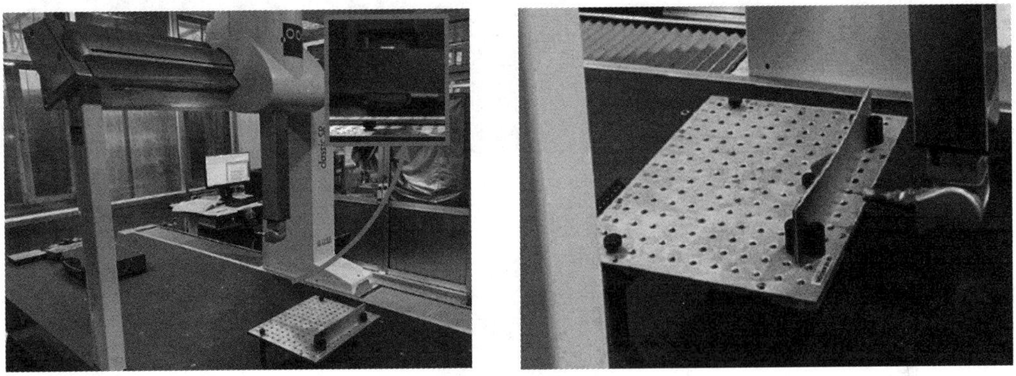

图 6－4　三坐标测量装置

在验证了本节提出的 RJCO 算法对散斑点进行精确三维重建的能力后，实验进一步聚焦于试件的三维变形测量。具体步骤为：将带有散斑图案的测试铝板牢固地安装在三坐标测量装置的设定位置上，并首先获取未变形状态下的参考图像作为基准图像。随后，通过施加外力使铝板产生不同程度的弯曲，同时采集变形过程中的图像，如图 6－5(a)所示。采集到的图像需进一步进行研究区域的选择和分析。通过 RJCO 算法测量的三维变形结果及结果俯视图如图 6－5 (b)、(c)所示。

图 6－5 (b)清楚地展示了测量结果与试件实际的三维变形之间的一致性。此外，图 6－5(b)中，3 个变形图在离面方向的最大位移量分别为 3.690 mm、6.985 mm 和 10.260 mm，这与三坐标测量装置校准结果相吻合。图 6－5 (c)也揭示了测量结果与试件的实际变形较为一致，并且通过 RJCO 算法得到的测量结果较为平滑，该算法显示出良好的稳定性。

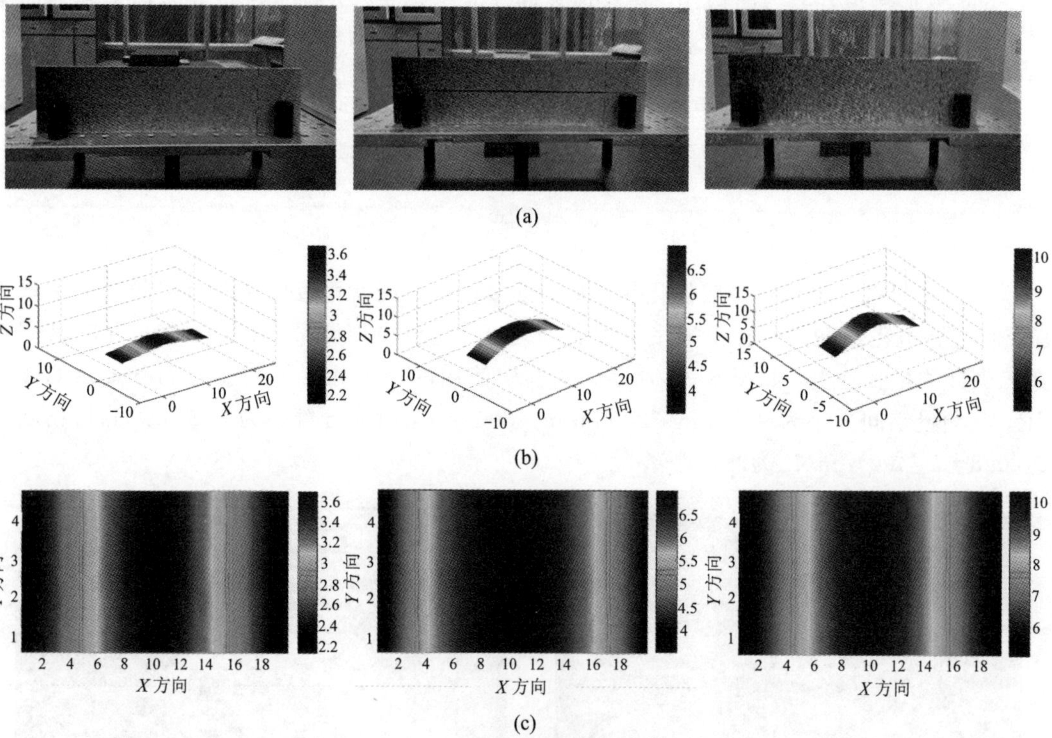


图 6-5　三维变形测量实验与结果

为了验证 RJCO 算法在变形测量中的精度，将其与 IGGA、IC-GN 算法和 Normal-SRPG 算法的测量结果进行了定量比较。IGGA 和 IC-GN 算法在获取三维重建参数时，均采用了 Normal-SRPG 算法中的立体相机标定技术。采用三坐标测量装置对图 6-5(a)中蓝色直线上的等间距采样点进行坐标测量并记录，然后计算相应分量的差值，得到了离面( $Z$ 向)变形量曲线，如图 6-6 所示。

进一步地，将 4 种算法用于重建蓝色直线上相应点的三维空间坐标，并据此绘制了图 6-7(a)中的离面位移曲线。接着，计算这些算法得到的离面位移值与三坐标测量装置的校准值(图 6-6)之间的差异，得到了测量误差曲线，如图 6-7 (b)所示。

总体而言，图 6-7 的测量结果证实了通过优化相机间的联合约束关系，可以有效地校正散斑图像的立体配准，将三维变形测量误差的最大值限制在 0.06 mm 以内，显著提升了

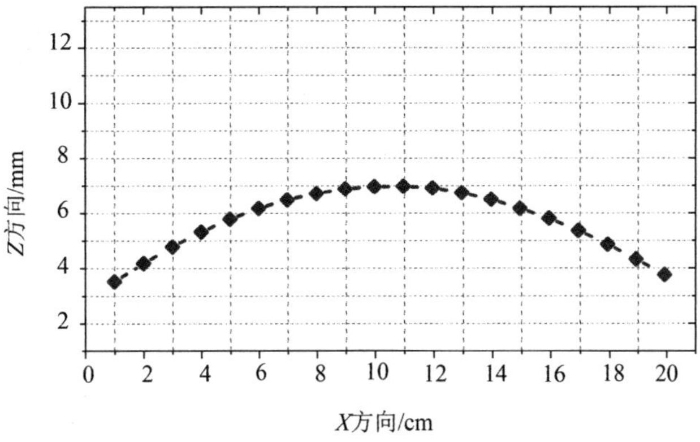


图 6-6　三坐标测量装置校准曲线

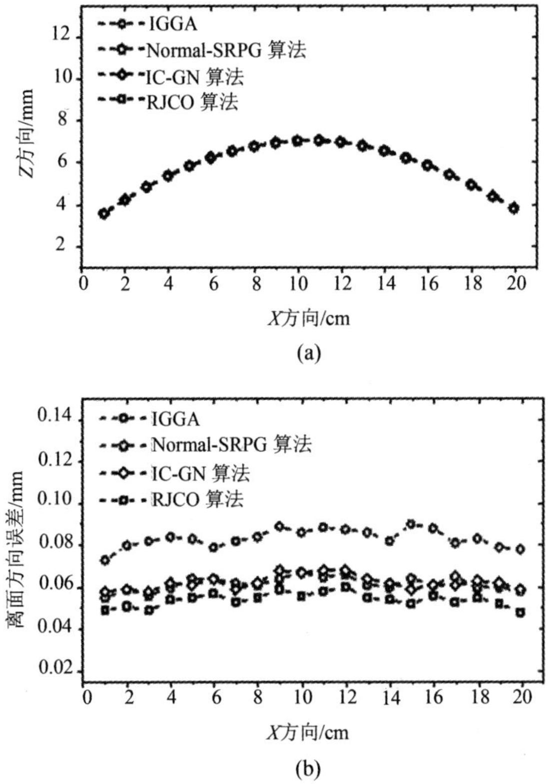


图 6-7　蓝色标识线上点的离面位移测量结果

测量的精度和稳定性。

表 6-1 列出了使用 Hexagon Global SR 三坐标测量装置得到的试件采样点的离面位移量，以及 IGGA、Normal-SRPG、IC-GN 和 RJCO 4 种算法的测量结果与三坐标测量装置测量值之间的绝对误差。

**表 6-1 三维变形测量点 $Z$ 方向位移数据** 单位：mm

| 测量点序号 | 三坐标测量装置测量的离面位移量 | 测量结果与三坐标测量值的绝对误差 | | | |
|---|---|---|---|---|---|
| | | IGGA | Normal-SRPG 算法 | IC-GN 算法 | RJCO 算法 |
| 1 | 3.527 | 0.073 | 0.055 | 0.058 | 0.049 |
| 2 | 4.191 | 0.080 | 0.059 | 0.059 | 0.051 |
| 3 | 4.789 | 0.082 | 0.056 | 0.058 | 0.049 |
| 4 | 5.324 | 0.084 | 0.060 | 0.062 | 0.054 |
| 5 | 5.790 | 0.083 | 0.064 | 0.061 | 0.055 |
| 6 | 6.180 | 0.079 | 0.064 | 0.064 | 0.057 |
| 7 | 6.487 | 0.082 | 0.062 | 0.059 | 0.053 |
| 8 | 6.720 | 0.084 | 0.061 | 0.062 | 0.055 |
| 9 | 6.887 | 0.089 | 0.064 | 0.068 | 0.059 |
| 10 | 6.972 | 0.086 | 0.067 | 0.067 | 0.056 |
| 11 | 6.985 | 0.088 | 0.065 | 0.068 | 0.058 |
| 12 | 6.918 | 0.087 | 0.066 | 0.068 | 0.060 |
| 13 | 6.747 | 0.086 | 0.061 | 0.064 | 0.055 |
| 14 | 6.505 | 0.082 | 0.060 | 0.062 | 0.054 |
| 15 | 6.173 | 0.090 | 0.064 | 0.059 | 0.052 |
| 16 | 5.815 | 0.088 | 0.061 | 0.061 | 0.056 |
| 17 | 5.366 | 0.081 | 0.065 | 0.061 | 0.053 |
| 18 | 4.871 | 0.083 | 0.060 | 0.063 | 0.055 |
| 19 | 4.332 | 0.079 | 0.060 | 0.062 | 0.052 |
| 20 | 3.765 | 0.078 | 0.058 | 0.059 | 0.048 |
| 误差平均值 | | 0.083 | 0.062 | 0.062 | 0.054 |
| 误差标准差 | | 0.004 | 0.003 | 0.003 | 0.003 |

由表 6－1 可知，Normal-SRPG 算法的测量结果具有一致性，但该算法基础矩阵的求解精度不足，导致极线方程存在偏差，影响了最终的测量精度。与此相对，IC-GN 算法在二维图像相关性求解方面表现出较高的精度，然而在用于立体配准时，由于视差效应，其匹配精度可能会降低。特别是在相机光轴之间角度较大时，IC-GN 和 IGGA 算法在进行立体配准时容易发生失相关现象。本节提出的 RJCO 算法能够针对特定左、右相机成像区域进行配准，有效减少了图像畸变的影响，并提高了图像的有效分辨率。此外，在这种情况下，基础矩阵元素确定的极线斜率较小，从而减小了沿竖直轴的搜索范围。与 Normal-SRPG 算法相比，RJCO 算法在测量精度上提升了 12.2％，与 IGGA 相比，精度提高了34.9％，且测量结果的标准差表明 RJCO 算法具有较好的稳定性。综上所述，RJCO 算法的性能优于其他 3 种算法。

## 6.5　本章小结

本章主要探讨了多相机网络联合约束优化配准的三维变形信息实用测量算法。该算法将搜索点限定在极线附近，有效提高了同名点在散斑图像对中的识别速度和准确性；此外，该算法运用立体视觉原理计算并重构变形前后的空间坐标，进而分析变形量；同时，该算法通过优化多相机网络与目标物之间的位置及姿态关系，显著提高了三维坐标的重构精度。本章通过三维变形信息测量验证了该算法的实用性和有效性，其精度、稳定性等对比传统算法有明显的提升。

# 第 7 章　基于视觉的位姿估计

## 7.1　刚体变换

刚体是形状和大小不发生变化的物体。我们日常生活的空间是三维的，所以一个空间点的位置可以由 3 个坐标确定。而刚体不光有位置，还有自身的姿态，即物体的朝向。欧氏变换描述坐标系之间的变换，两个坐标系之间的变换由一个旋转加上一个平移组成，欧氏变换不改变向量的长度和向量间的夹角。刚体变换也叫欧氏变换。相机运动就是一种刚体变换。

### 7.1.1　刚体变换过程

**1. 旋转**

设某个单位正交基 $\boldsymbol{e}=[e_1 \quad e_2 \quad e_3]$ 经过一次旋转后变成了 $\boldsymbol{e}'=[e_1' \quad e_2' \quad e_3']$。那么，对于同一个向量 $\boldsymbol{a}$，它在两个坐标系下的坐标为 $(a_1, a_2, a_3)$ 和 $(a_1', a_2', a_3')$，因为向量本身没变，所以根据坐标定义，有

$$[e_1 \quad e_2 \quad e_3]\begin{bmatrix} a_1 \\ a_2 \\ a_3 \end{bmatrix}=[e_1' \quad e_2' \quad e_3']\begin{bmatrix} a_1' \\ a_2' \\ a_3' \end{bmatrix} \tag{7-1}$$

对式(7-1)两边同时左乘 $\boldsymbol{e}^{\mathrm{T}}$，那么左侧系数变为单位矩阵，得到

$$\begin{bmatrix} a_1 \\ a_2 \\ a_3 \end{bmatrix}=\begin{bmatrix} e_1^{\mathrm{T}}e_1' & e_1^{\mathrm{T}}e_2' & e_1^{\mathrm{T}}e_3' \\ e_2^{\mathrm{T}}e_1' & e_2^{\mathrm{T}}e_2' & e_2^{\mathrm{T}}e' \\ e_3^{\mathrm{T}}e' & e_3^{\mathrm{T}}e' & e_3^{\mathrm{T}}e' \end{bmatrix}\begin{bmatrix} a_1' \\ a_2' \\ a_3' \end{bmatrix}=\boldsymbol{R}\boldsymbol{a}' \tag{7-2}$$

在数学语言中，旋转矩阵(Rotation Matrix)$\boldsymbol{R}$ 是两套坐标系下基向量内积的集合，它精确地表征了旋转操作对同一向量在不同坐标系下的坐标变换。这个矩阵本身定义了旋转行为，因此被称为旋转矩阵。其每个矩阵元素都是两个坐标系下基向量之间的内积，这实质上反映了基向量间的夹角余弦值，因此它也被称作方向余弦矩阵(Direction Cosine

Matrix)。此外，旋转矩阵 $\boldsymbol{R}$ 还具有正交性——这意味着它的逆运算(即转置操作)能表示一个与原旋转完全相反的运动。因此有

$$\boldsymbol{a}'=\boldsymbol{R}^{-1}\boldsymbol{a}=\boldsymbol{R}^{\mathrm{T}}\boldsymbol{a} \tag{7-3}$$

显然，$\boldsymbol{R}^{-1}$ 和 $\boldsymbol{R}^{\mathrm{T}}$ 描述了一组相反的旋转变换。

**2. 平移**

平移变换是最为简单的一种变换。以平面中点的平移为例：设平移向量 $\boldsymbol{t}=[a\ b]^{\mathrm{T}}$，一个点的原坐标为 $\boldsymbol{r}=[x\ y]^{\mathrm{T}}$，则平移后的 $\boldsymbol{r}+\boldsymbol{t}$ 表示点 $\boldsymbol{r}$ 沿向量 $\boldsymbol{t}$ 方向平移 $\boldsymbol{t}$ 的模长距离后的点。对于三维空间的点也是如此。

### 7.1.2 旋转矩阵表示形式

已知存在两个坐标系 $\{A\}$ 和 $\{B\}$，假设用 $\hat{\boldsymbol{X}}_B$、$\hat{\boldsymbol{Y}}_B$、$\hat{\boldsymbol{Z}}_B$ 表示坐标系 $\{B\}$ 主轴方向上的单位矢量。当用坐标系 $\{A\}$ 作为参考系时，它们被写作 ${}^{A}\hat{\boldsymbol{X}}_B$、${}^{A}\hat{\boldsymbol{Y}}_B$、${}^{A}\hat{\boldsymbol{Z}}_B$，分别表示坐标系 $\{B\}$ 各个主轴在坐标系 $\{A\}$ 描述下的单位矢量，也就是坐标系 $\{B\}$ 各个主轴分别在坐标系 $\{A\}$ 的 3 个主轴下的投影分量。这 3 个单位矢量按照顺序排列成一个 3×3 的矩阵，即为旋转矩阵，也即

$${}_{B}^{A}\boldsymbol{R}=\left[{}^{A}\hat{\boldsymbol{X}}_B\quad {}^{A}\hat{\boldsymbol{Y}}_B\quad {}^{A}\hat{\boldsymbol{Z}}_B\right]=\begin{bmatrix} r_{11} & r_{12} & r_{13}\\ r_{21} & r_{22} & r_{23}\\ r_{31} & r_{32} & r_{33}\end{bmatrix} \tag{7-4}$$

旋转矩阵可以表示为若干基本旋转矩阵的乘积。基本旋转矩阵是指围绕坐标系的一个主要坐标轴旋转得到的矩阵。按照旋转围绕轴的不同，旋转矩阵可以分为 3 种基本类型：围绕 $X$ 轴，围绕 $Y$ 轴、围绕 $Z$ 轴，分别为

$$\boldsymbol{R}_X(\theta)=\begin{bmatrix} 1 & 0 & 0\\ 0 & \cos\theta & -\sin\theta\\ 0 & \sin\theta & \cos\theta\end{bmatrix} \tag{7-5}$$

$$\boldsymbol{R}_Y(\theta)=\begin{bmatrix} \cos\theta & 0 & \sin\theta\\ 0 & 1 & 0\\ -\sin\theta & 0 & \cos\theta\end{bmatrix} \tag{7-6}$$

$$\boldsymbol{R}_Z(\theta)=\begin{bmatrix} \cos\theta & -\sin\theta & 0\\ \sin\theta & \cos\theta & 0\\ 0 & 0 & 1\end{bmatrix} \tag{7-7}$$

## 7.2 基于 SVD 的位姿变换矩阵估计

奇异值分解(Singular Value Decomposition，SVD)[87]是线性代数中一种常见的矩阵分解算法。飞行器运动过程伴随着刚体坐标系的线性变换，因此该过程可以通过 SVD 来求取位姿变换矩阵。

对于一个矩阵 $\boldsymbol{A} \in \mathbf{R}^{m\times n}$，存在两个正交的矩阵 $\boldsymbol{U}=[\boldsymbol{u}_1\ \boldsymbol{u}_2\ \cdots\ \boldsymbol{u}_m] \in \mathbf{R}^{m\times m}$ 和 $\boldsymbol{V}=[\boldsymbol{v}_1\ \boldsymbol{v}_2\ \cdots\ \boldsymbol{v}_n] \in \mathbf{R}^{n\times n}$ 满足关系：

$$\boldsymbol{A}=\boldsymbol{U}\boldsymbol{\Sigma}V^{\mathrm{T}} \tag{7-8}$$

其中，对角阵 $\boldsymbol{\Sigma}=\{\mathrm{diag}(\sigma_1, \sigma_2, \cdots, \sigma_q), \boldsymbol{O}\}$，或者是 $\{\mathrm{diag}(\sigma_1, \sigma_2, \cdots, \sigma_q), \boldsymbol{O}\}$ 的转置，结果取决于 $m$ 和 $n$ 之间的大小关系。

式(7-8)对矩阵 $\boldsymbol{A}$ 进行奇异值分解，其中 $\sigma_i=\sqrt{\lambda_i}\,(i=1, 2, \cdots, q)$ 为矩阵 $\boldsymbol{A}$ 的奇异值，且 $\sigma_1 \geqslant \sigma_2 \geqslant \cdots \geqslant \sigma_q > 0$。此外，$\lambda_i$ 是 $\boldsymbol{A}^{\mathrm{T}}\boldsymbol{A}$ 的特征值；$\boldsymbol{u}_i$、$\boldsymbol{v}_i\,(i=1, 2, \cdots, q)$ 分别是 $\boldsymbol{A}^{\mathrm{T}}\boldsymbol{A}$ 对应于 $\lambda_i$ 的特征向量，称作 $\boldsymbol{A}$ 属于 $\sigma_i$ 的单位左、右奇异向量。

奇异值分解具有较好的稳定性。设矩阵 $\boldsymbol{A} \in \mathbf{R}^{m\times n}$，矩阵 $\boldsymbol{B}=\boldsymbol{A}+\boldsymbol{w}$，其中 $\boldsymbol{w}$ 是 $\boldsymbol{A}$ 矩阵的一个扰动矩阵，对于 $\boldsymbol{A}$、$\boldsymbol{B}$ 的特征值 $\sigma_1^1 \geqslant \sigma_2^1 \geqslant \cdots \geqslant \sigma_s^1$，$\sigma_1^2 \geqslant \sigma_2^2 \geqslant \cdots \geqslant \sigma_s^2$，有

$$|\sigma_i^1-\sigma_i^2| \leqslant \|\boldsymbol{B}-\boldsymbol{A}\|_2=\|\boldsymbol{w}\|_2=\sigma_{\max} \tag{7-9}$$

其中，$s=\min(m, n)$，$\sigma_{\max}$ 是 $\boldsymbol{w}$ 矩阵的最大奇异值。

给定同一组点集在两个不同坐标系下的坐标集 $\{P_i^{\mathrm{w}}\}$ 和 $\{Q_i^{\mathrm{w}}\}$，其中 $i=1, 2, \cdots, N$，$N \geqslant 3$。同时考虑到实际数据中存在干扰误差 $\varepsilon_i$，则两组之间的变换关系可以表示为

$$Q_i^{\mathrm{w}}=\boldsymbol{R}P_i^{\mathrm{w}}+\boldsymbol{t}+\varepsilon_i \tag{7-10}$$

其中，$\boldsymbol{R}$ 是两个坐标系间的旋转矩阵，$\boldsymbol{t}$ 是平移向量。

假设干扰误差 $\varepsilon_i$ 均服从高斯分布，则式(7-10)可以转化成最优化位姿参数求解问题：

$$\min_{\boldsymbol{R}, \boldsymbol{t}} \sum_{i=1}^{N} \|Q_i^{\mathrm{w}}-(\boldsymbol{R}P_i^{\mathrm{w}}+\boldsymbol{t})\|^2 \quad \mathrm{s.\,t.}\ \boldsymbol{R}^{\mathrm{T}}\boldsymbol{R}=\boldsymbol{I} \tag{7-11}$$

对此，可以利用基于旋转矩阵奇异值分解的解析算法进行求解。首先求取两组点集的质心：

$$\bar{P}^{\mathrm{w}}=\frac{1}{N}\sum_{i=1}^{N} P_i^{\mathrm{w}},\ \bar{Q}^{\mathrm{w}}=\frac{1}{N}\sum_{i=1}^{N} Q_i^{\mathrm{w}} \tag{7-12}$$

然后计算协方差矩阵

$$\boldsymbol{Cov}=\frac{1}{N}\sum_{i=1}^{N} (Q_i^{\mathrm{w}}-\bar{Q}^{\mathrm{w}})(P_i^{\mathrm{w}}-\bar{P}^{\mathrm{w}})^{\mathrm{T}} \tag{7-13}$$

对协方差矩阵 $\boldsymbol{Cov}$ 进行 SVD 奇异值分解，即 $[\boldsymbol{U}\quad\boldsymbol{V}\quad\boldsymbol{W}]=\mathrm{SVD}(\boldsymbol{Cov})$，其中 $\boldsymbol{U}$、$\boldsymbol{V}$ 为 $3\times3$ 正交矩阵，$\boldsymbol{W}$ 为 $3\times3$ 对角矩阵。基于上述分析，能够最终得到满足最小二乘条件下的最优旋转矩阵和平移向量：

$$\begin{cases}\boldsymbol{R}=\boldsymbol{USV}^{\mathrm{T}}\\ \boldsymbol{t}=\bar{Q}^{\mathrm{w}}-\boldsymbol{R}\bar{P}^{\mathrm{w}}\end{cases}\tag{7-14}$$

其中，$\boldsymbol{S}$ 的取值满足：

若 $\mathrm{rank}(\boldsymbol{Cov})>2$，则有 $\boldsymbol{S}=\begin{cases}\boldsymbol{I} & ,\ \text{if }\det(\boldsymbol{Cov})\geqslant 0\\ \mathrm{diag}(1,\ 1,\ -1) & ,\ \text{if }\det(\boldsymbol{Cov})<0\end{cases}$

若 $\mathrm{rank}(\boldsymbol{Cov})=2$，则有 $\boldsymbol{S}=\begin{cases}\boldsymbol{I} & ,\ \text{if }\det(\boldsymbol{U})\det(\boldsymbol{V})=1\\ \mathrm{diag}(1,\ 1,\ -1) & ,\ \text{if }\det(\boldsymbol{U})\det(\boldsymbol{V})=-1\end{cases}$

由此可以看出，旋转矩阵的求解精度非常重要，它影响着平移向量的计算。基于 SVD 奇异值的位姿变换矩阵求解属于绝对定向问题，是进行扩展正交迭代及其优化求解的基础。

## 7.3　迭代式位姿估计

### 7.3.1　多点迭代问题描述及分析

视觉量测领域中的一大核心挑战是绝对定位问题，其主要聚焦于将运动物体在相机坐标系中的特征点坐标，转换至与之相关联的目标坐标系下。这一问题广泛应用于诸如运动目标跟踪、仿生机器人学以及对接操作等多个技术领域。为解决此问题，通常采用的策略是在不同坐标系中对同一目标点的位置进行对比，构建一个旨在最小化误差的目标函数。这一目标函数是确保经过旋转和平移变换后，两组对应的坐标能够达到最大程度的一致性。通过迭代优化算法求解上述目标函数，可获得最优的变换参数。为提升定位精度，通常会利用多个目标点来增加解决方案的冗余度，这不仅增强了系统在面对不确定性时的鲁棒性，也进一步提高了整体的准确性。

相机成像过程如图 7－1 所示，空间中的点在世界坐标系下的坐标 $P_i^{\mathrm{w}}=(x_i^{\mathrm{w}},\ y_i^{\mathrm{w}},\ z_i^{\mathrm{w}})$，经过成像后的像点坐标 $p_i=(u_i,\ v_i)$，空间点在相机坐标系下的坐标 $P_i^{\mathrm{c}}=(x_i^{\mathrm{c}},\ y_i^{\mathrm{c}},\ z_i^{\mathrm{c}})$。按照理想的透视投影模型，相机光心 $O_{\mathrm{c}}$、与像点 $p_i$ 和空间点 $P_i^{\mathrm{c}}$ 是共线的。相机镜头畸变和图像处理存在误差，这使得 $P_i^{\mathrm{c}}$ 不在理想成像视线 $\overline{O_{\mathrm{c}}p_i}$ 上，而是存在一个误差 $d$。

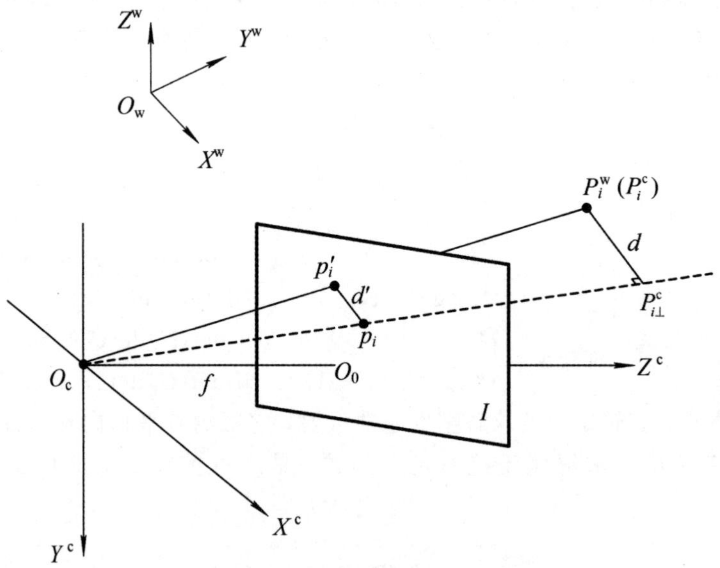


图 7-1 相机成像过程

给定两组数据 $P=\{p_i\}=\{x_{pi}, y_{pi}, z_{pi}\}$，$Q=\{q_i\}=\{x_{qi}, y_{qi}, z_{qi}\}(i=1, 2, \cdots, N; N\geqslant 3)$，其为同一组点在两个不同坐标系下的坐标。绝对定位问题就是要寻找一个旋转矩阵 $\boldsymbol{R}$ 和一个平移向量 $\boldsymbol{t}$，使得

$$\min e_i(\boldsymbol{R}, \boldsymbol{t})=\sum_{i=1}^{N} n_i^{\mathrm{T}} n_i \tag{7-15}$$

其中，$n_i$ 为综合误差，$n_i=q_i-(\boldsymbol{R}p_i+\boldsymbol{t})$。

视觉量测中的绝对定向问题通常采用迭代优化算法，通过求解最小化目标函数来确定最佳旋转矩阵 $\boldsymbol{R}$ 和平移向量 $\boldsymbol{t}$ 。构建最小化误差的目标函数时，误差可能涉及的类型包括但不限于图像空间误差、物空间误差、尺度加权误差以及归一化误差等。在视觉系统中，运动物体在相机坐标系中的位置与它在实际世界坐标系下的位置之间存在特定关联：

$$P_i^c=\boldsymbol{R}P_i^w+\boldsymbol{t} \tag{7-16}$$

式中，$\boldsymbol{R}=[r_1\quad r_2\quad r_3]^{\mathrm{T}}\in \mathrm{SO}(3)$，$\boldsymbol{t}=[t_x\quad t_y\quad t_z]^{\mathrm{T}}\in \mathbf{R}^3$。

将三维空间中的任意点投影至相机的成像平面时，可将其坐标转换为齐次坐标形式 $\bar{p}_i=(u_i, v_i, 1)$以包含透视变换信息。为了清晰阐述这一过程并简化描述，常采用归一化图像坐标系，并利用单位矩阵来表征相机内部参数。据此，成像关系可以被简洁地表达为

$$\begin{cases} u_i = \dfrac{r_1^{\mathrm{T}} P_i^{\mathrm{w}} + t_x}{r_3^{\mathrm{T}} P_i^{\mathrm{w}} + t_z} \\ v_i = \dfrac{r_2^{\mathrm{T}} P_i^{\mathrm{w}} + t_y}{r_3^{\mathrm{T}} P_i^{\mathrm{w}} + t_z} \\ \bar{p}_i = \dfrac{1}{r_3^{\mathrm{T}} P_i^{\mathrm{w}} + t_z} (\boldsymbol{R} P_i^{\mathrm{w}} + \boldsymbol{t}) \end{cases} \tag{7-17}$$

**1. 图像空间误差目标函数**

基于共线性约束原理，可构建目标函数以最小化像点坐标与重投影坐标之间的 L2 范数误差，其具体含义清晰且在视觉量测领域广泛采用。数学上，该目标函数可表述为

$$\begin{aligned} e_{si}(\boldsymbol{R}, \boldsymbol{t}) &= \sum_{i=1}^{N} [(\hat{u}_i - u_i)^2 + (\hat{v}_i - v_i)^2] \\ &= \sum_{i=1}^{N} \left[ \left( \hat{u}_i - \frac{\mathrm{r}_1^{\mathrm{T}} P_i^{\mathrm{w}} + t_x}{r_3^{\mathrm{T}} P_i^{\mathrm{w}} + t_z} \right)^2 + \left( \hat{v}_i - \frac{\mathrm{r}_2^{\mathrm{T}} P_i^{\mathrm{w}} + t_y}{r_3^{\mathrm{T}} P_i^{\mathrm{w}} + t_z} \right)^2 \right] \end{aligned} \tag{7-18}$$

式中，$\overline{p}'_i = (\hat{u}_i, \hat{v}_i, 1)$是特征点图像齐次坐标，其中含有高斯噪声；$\boldsymbol{R}$ 和 $\boldsymbol{t}$ 是待求解的旋转矩阵和平移向量。

**2. 物空间误差目标函数**

物空间误差目标函数也称为物方坐标系下的共线性误差公式，其能够清晰地呈现各空间点投影信息的综合。此函数旨在将位姿估计的任务转化为重构空间点与实际观测点间最小化差异求解的问题，并假定在成像过程中点噪声遵循高斯分布。该类型的目标函数的数学定义为

$$e_{wi}(\boldsymbol{R}, \boldsymbol{t}) = \sum_{i=1}^{N} \| (\boldsymbol{I} - \hat{\boldsymbol{V}}_i)(\boldsymbol{R} P_i^{\mathrm{w}} + \boldsymbol{t}) \|^2 \tag{7-19}$$

其中，$\hat{\boldsymbol{V}}_i$ 是相机成像平面上的投影矩阵，$\hat{\boldsymbol{V}}_i = \dfrac{\bar{p}_i \bar{p}_i^{\mathrm{T}}}{\bar{p}_i^{\mathrm{T}} \bar{p}_i}$。

**3. 尺度加权误差目标函数**

式(7－19)所示的物空间误差目标函数，针对高斯均匀像点噪声，采用全局收敛性正交迭代算法以实现精度较高的姿态估计。然而，该函数在近景视觉量测场景中或当目标特征点沿光轴方向长度与相机距离接近时，可能无法确保获得全局最优的姿态解。这种情况下，噪声分布呈各向异性且非独立同分布，而式(7－19)基于成像平面上噪声等权重的假设可能导致优化过程陷入局部而非全局最优解，因此其所得到的最小化目标函数不再适用。为解决上述问题，部分学者采用了一种尺度加权优化策略，此策略假定目标点的像点噪声在不同方向上非独立但具有相同的非高斯属性，并与目标点在相机坐标系中的垂直距离成正比。基于这一假设构建的目标函数表述为

$$e_{wsi}(\boldsymbol{R}, \boldsymbol{t}) = \sum_{i=1}^{N} (\boldsymbol{R}P_i^{\mathrm{w}} + \boldsymbol{t})^{\mathrm{T}} (\boldsymbol{I} - \hat{\boldsymbol{V}}_i) \boldsymbol{\Lambda}_i^{-1} (\boldsymbol{I} - \hat{\boldsymbol{V}}_i)(\boldsymbol{R}P_i^{\mathrm{w}} + \boldsymbol{t}) \tag{7-20}$$

其中，$\boldsymbol{\Lambda}_i$ 是噪声点 $p_i' = (\hat{u}_i, \hat{v}_i, 1)$ 的协方差矩阵，$\boldsymbol{\Lambda}_i^{(k)} \approx [d_i^{(k-1)}]^2 aI$，$a$ 是常数，$d_i^{(k-1)}$ 是深度信息。

该目标函数将像点噪声分布的不同方差纳入考虑范畴，在尺度不确定性的处理上实现了较好的整合，并且假设了像点误差在各个方向均匀，这一设计使得优化过程能够更全面地评估和调整不同尺度的影响。然而，尽管优化后的位姿估计结果具备实际应用的价值，但仍存在改进空间，以更全面地适应实际应用场景的复杂需求。

**4. 归一化误差目标函数**

在探索视觉定位领域时，一些研究团队期望通过归一化的最小化目标函数来解决基于视觉的位姿估计难题，此方法依赖于纯数学分析求解位姿，表示为

$$e_{wi}(\boldsymbol{R}, \boldsymbol{t}) = \sum_{i=1}^{N} \left\| \frac{\boldsymbol{R}P_i^{\mathrm{w}} + \boldsymbol{t}}{\|\boldsymbol{R}P_i^{\mathrm{w}} + \boldsymbol{t}\|^2} - \frac{p_i'}{\|p_i'\|^2} \right\|^2 \tag{7-21}$$

目前迭代优化的过程通常只聚焦于像点误差的各向同性或独立同分布特性，并未能充分探索误差的不确定性。因此，在这种情况下，所获得的位姿解可能并不是全局最优解。同时，成像过程中，传感器特性、环境影响以及运动目标属性均可能造成像点周围灰度模式分布的巨大差异，这些影响直接引发像点提取过程中的误差不稳定性。这类实际的误差分布与构建最小化目标函数时所基于的传统假设不符，从而可能导致得到的最佳位姿解并非全局最优解。为了更精确地反映实际情况并进行有效的定位估计，迫切需要开发新的最小化目标函数以适应这些变化和挑战。这一需求促使研究者深入探索并建立能够全面考虑误差复杂性的优化模型和方法，以克服现有的局限性，获得更加准确和可靠的位姿估计结果。

在解决基于视觉的绝对定向问题时，研究者依赖一组同名点在不同参照系中的坐标来确定它们间的相对位置关系。在这一场景中，已知某运动目标点在相机坐标系下的位置信息为$\{P_1^{\mathrm{c}}, P_2^{\mathrm{c}}, \cdots, P_N^{\mathrm{c}}\}$，而它在世界坐标系下的实际位置表示为$\{P_1^{\mathrm{w}}, P_2^{\mathrm{w}}, \cdots, P_N^{\mathrm{w}}\}$，绝对定向问题可等同于一个最小二乘优化模型：

$$\min_{\boldsymbol{R}, \boldsymbol{t}} \sum_{i=1}^{N} \| P_i^{\mathrm{c}} - (\boldsymbol{R}P_i^{\mathrm{w}} + \boldsymbol{t}) \|^2 \quad \text{s.t.}\ \boldsymbol{R}^{\mathrm{T}}\boldsymbol{R} = \boldsymbol{I} \tag{7-22}$$

式(7-22)所示的最优化问题的求解方法有多种，如单位四元数法、奇异值分解法(SVD)等。无论采用哪种方法，首先都需要求出两组数据点的重心：

$$\begin{cases} \bar{P}^{\mathrm{w}} = \dfrac{1}{N} \displaystyle\sum_{i=1}^{N} P_i^{\mathrm{w}} \\ \bar{P}^{\mathrm{c}} = \dfrac{1}{N} \displaystyle\sum_{i=1}^{N} P_i^{\mathrm{c}} \end{cases} \tag{7-23}$$

之后，定义协方差矩阵

$$\boldsymbol{C}_p=\sum_{i=1}^{N}(P_i^{\mathrm{c}}-\bar{P}^{\mathrm{c}})(P_i^{\mathrm{w}}-\bar{P}^{\mathrm{w}})^{\mathrm{T}} \tag{7-24}$$

如果令矩阵 $\boldsymbol{C}_p$ 的奇异值分解为 $\boldsymbol{UDV}^{\mathrm{T}}$，其中 $\boldsymbol{D}=\mathrm{diag}(d_1, d_2, \cdots, d_m)$，$d_1 \geqslant d_2 \geqslant \cdots \geqslant d_m$，那么，求解出的 $\boldsymbol{R}$、$\boldsymbol{t}$ 就可以分别表示为

$$\boldsymbol{R}=\boldsymbol{USV}^{\mathrm{T}} \tag{7-25}$$

$$\boldsymbol{t}=\bar{P}^{\mathrm{c}}-\boldsymbol{R}\bar{P}^{\mathrm{w}} \tag{7-26}$$

式中，$\boldsymbol{S}$ 的取值为

$$\boldsymbol{S}=\begin{cases}\boldsymbol{I}, & \det(\boldsymbol{U})\det(\boldsymbol{V})=1\\ \mathrm{diag}(1, \cdots, 1, -1), & \det(\boldsymbol{U})\det(\boldsymbol{V})=-1\end{cases} \tag{7-27}$$

根据空间共线性误差的描述，在世界坐标系下的空间点 $P_i^{\mathrm{w}}$ 投影到相机光心和像点视线 $\overline{O_c p_i}$ 上的 $P_{i\perp}^{\mathrm{c}}$ 点，$P_{i\perp}^{\mathrm{c}}$ 可以表示为一个关于旋转矩阵和平移向量的函数

$$P_{i\perp}^{\mathrm{c}}(\boldsymbol{R})=\boldsymbol{V}_i(\boldsymbol{R}P_i^{\mathrm{w}}+\boldsymbol{t}(\boldsymbol{R})) \tag{7-28}$$

空间共线性误差为

$$e_i(\boldsymbol{R})=\sum_{i=1}^{N}\left\|\boldsymbol{R}P_i^{\mathrm{w}}+\boldsymbol{t}(\boldsymbol{R})-P_{i\perp}^{\mathrm{c}}(\boldsymbol{R})\right\|^2 \tag{7-29}$$

比较式(7-22)和式(7-29)可以得知，在视觉量测中，绝对定向问题本质上是空间共线性误差的最小化问题。

在视觉位姿估计领域，正交迭代算法利用已知的运动目标点的世界坐标系坐标$\{P_i^{\mathrm{w}}\}$和相机坐标系坐标$\{P_i^{\mathrm{c}}\}$，构建关于旋转矩阵 $\boldsymbol{R}$ 和平移向量 $\boldsymbol{t}$ 的空间共线性误差方程。在给定初始旋转矩阵 $\boldsymbol{R}$ 的基础上，可以构造如式(7-26)所示的平移向量 $\boldsymbol{t}$，进而求解绝对定向问题，得到旋转矩阵 $\boldsymbol{R}$。通过重复这一过程，直到获得最优的 $\boldsymbol{R}$ 和 $\boldsymbol{t}$。

### 7.3.2　基于特征点测量误差加权的广义正交迭代位姿估计

在视觉量测的实际操作中，目标特征点在成像时，不同特征点之间会存在灰度模式的差异，造成提取的像点的灰度分布具有方向性，这些分布以不同方式在视平面上扩散。因此，像点的抽取可能引发各向异性和非独立同分布的现象，该现象可以通过描述成像过程中的特征点测量误差不确定性来表达——每一特征点的误差大小和分布方向均展现出了个体特异性及不一致性。

为了深入分析视觉定位中像点测量的不确定性，并在实践中给出准确的量化描述，本节采用像点测量误差协方差逆矩阵作为构建该不确定性的模型。这一模型能全面捕捉像点间的相关性和非独立性，为提升与优化视觉系统效能提供了一种理论基础和实操指引。其数学描述为

$$Q^{-1} = \sum_{(u,\ v)\in N} \omega(u,\ v,\ 1) \begin{bmatrix} I_u I_u & I_v I_u & 0 \\ I_u I_v & I_v I_v & 0 \\ 0 & 0 & 1 \end{bmatrix} \tag{7-30}$$

式中，$Q$ 为像点测量误差的协方差矩阵，$I_u$ 是图像在 $u$ 方向上的梯度值，$I_v$ 是图像在 $v$ 方向上的梯度值，$N$ 是图像 $I$ 中以成像特征点为中心的(圆形或者椭圆形)区域，$\omega$ 是椭圆区域 $N$ 内的像素灰度之和。像点测量误差不确定性的几何描述如图 7-2 所示。

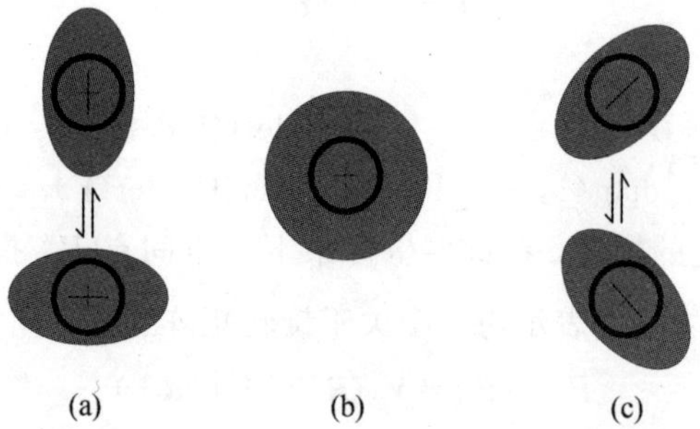


图 7-2 像点测量误差不确定性几何描述

图 7-2 中，像点测量误差协方差矩阵的逆矩阵 $Q^{-1}$ 决定了一个圆心在 $x_i = (u_i,\ v_i)$ 处的不确定性椭圆，椭圆长、短轴 $a$、$b$ 的大小表示该特征点 $x_i$ 处不确定性的大小，长、短轴 $a$、$b$ 相对 $u$、$v$ 的方向为不确定性方向。图中主要显示了 3 种不同类型的像点测量误差不确定性。

(1) 不确定性具有方向性，$u$、$v$ 不相关。当特征点的不确定性椭圆区域如图 7-2(a) 所示时，此时 $a/b>1$ 或 $a/b<1$，特征点的不确定性具有方向性，且在 $u$ 和 $v$ 两个方向上不相关。这两个方向上的不确定性大小不同，其协方差矩阵表示为 $Q=\mathrm{diag}(\sigma_1,\ \sigma_2)$，$\sigma_1 \neq \sigma_2$，$\sigma$ 代表误差的方差。

(2) 不确定性具有各向同性。若不确定性椭圆区域如图 7-2 (b)所示时，此时 $a/b=1$，特征点的不确定性表现为各向同性，在 $u$ 和 $v$ 两个方向上不相关，两个方向上的不确定性大小相等，且通常较小。这种情形下的协方差矩阵 $Q=\mathrm{diag}(\sigma,\ \sigma)$。

(3) 不确定性具有方向性，$u$、$v$ 相关。当不确定性椭圆区域如图 7-2 (c)所示，此时 $a/b>1$ 或 $a/b<1$，特征点的不确定性具有方向性，并且在 $u$ 和 $v$ 两个方向上是相关的。这种情况下，梯度方向上的不确定性较小，而垂直方向上的不确定性较大。其协方差矩阵是一个 $3\times3$ 的对称矩阵。

在传统的目标函数设计中，当像点测量误差情况与图 7-2(b)相匹配时，通过迭代优化策略可以实现全局最优位姿解的获得。然而，针对像点测量误差属于图 7-2(a)及(c)的情况，则不能依赖于传统方法，而是需要考虑实际像点测量的不确定性。已有研究提供了计算像点测量误差不确定性的途径，这些不确定性在成像平面上以不同方式表现，并通过重投影误差得以体现。各个位置上的像点重投影误差具有差异化的不确定性特征，在优化目标函数求解时，它们对解的有效性及贡献程度也有所不同。

为将成像特征点的测量误差不确定性融入到位姿估计方法中，本节提出一种创新策略：采用仿射变换矩阵 $\boldsymbol{F}$ 将这些点及其对应的重影点转换至一个加权的不确定性协方差数据空间。在这一转换后的空间内进行特征点分析，并根据其特性来决定重投影误差值。通过这种转化，像点测量误差的不确定性被整合进基于重投影误差构建的目标函数中，以提升位姿估计的精度和可靠性。

由像点测量误差协方差矩阵 $\boldsymbol{Q}$ 的结构可知，其是半正定对称的，可将其进行奇异值分解：

$$\boldsymbol{Q}=\boldsymbol{U\Sigma U}^{\mathrm{T}} \tag{7-31}$$

式中，$\boldsymbol{\Sigma}=\mathrm{diag}(\sigma_1^2, \sigma_2^2, 1)$，$\sigma_1$、$\sigma_2$ 是像点测量误差不确定性沿图像坐标系中两个方向的标准差，$\sigma_1$、$\sigma_2$ 分别是椭圆区域的长轴和短轴，$\boldsymbol{U}$ 是一个 3×3 的实正交旋转矩阵。像点测量误差协方差矩阵的逆矩阵为

$$\boldsymbol{Q}^{-1}=\boldsymbol{U\Sigma}^{-1}\boldsymbol{U}^{\mathrm{T}} \tag{7-32}$$

其中，$\boldsymbol{\Sigma}^{-1}=\mathrm{diag}\left(\frac{1}{\sigma_1^2}, \frac{0}{\sigma_2^2}, 1\right)$，利用协方差矩阵 $\boldsymbol{Q}$ 定义矩阵：

$$\begin{cases}\boldsymbol{F}=\boldsymbol{\Sigma}^{-\frac{1}{2}}\boldsymbol{U}^{\mathrm{T}} \\ (\alpha, \beta, 1)=(u, v, 1)\boldsymbol{F}\end{cases} \tag{7-33}$$

旋转矩阵 $\boldsymbol{U}^{\mathrm{T}}$ 通过调整不确定性椭圆的倾斜度，使之与像平面的坐标轴 $u$、$v$ 方向对齐，从而成为正向椭圆。随后，利用 $\boldsymbol{\Sigma}^{-1/2}$ 中的 $\sigma_1$、$\sigma_2$ 将椭圆转换为单位圆，如图 7-2(b)所示，确保误差在两个正交方向上独立且为各向同性。矩阵 $\boldsymbol{F}$ 是一个 3×3 的仿射变换矩阵，其中，$\alpha$、$\beta$ 是图像坐标轴的倾斜角度，由 $\sigma_1$、$\sigma_2$ 确定。应用矩阵 $\boldsymbol{F}$ 可以将成像特征点和重投影像点的坐标转换到一个加权的不确定性协方差数据空间中。设像平面上的成像特征点坐标为 $x_i$，重投影像点坐标为 $\hat{x}_i$，经过 $\boldsymbol{F}$ 变换后的点分别为 $x_i'$ 与 $\hat{x}_i'$，变换过程为

$$\begin{cases}x_i'=(u', v', 1)^{\mathrm{T}}=\boldsymbol{F}x_i{}^{\mathrm{T}}=\boldsymbol{F}(u, v, 1)^{\mathrm{T}} \\ \hat{x}_i'=(\hat{u}', \hat{v}', 1)^{\mathrm{T}}=\boldsymbol{F}\hat{x}_i{}^{\mathrm{T}}=\boldsymbol{F}(\hat{u}, \hat{v}, 1)^{\mathrm{T}}\end{cases} \tag{7-34}$$

成像特征点经过 $\boldsymbol{F}$ 变换后，其不确定性就会传递到重投影坐标中，成像特征点不确定性加权处理的数学描述为 $\boldsymbol{\Sigma}^{-1}=\mathrm{diag}\left(\frac{1}{\sigma_1^2}, \frac{1}{\sigma_2^2}, 1\right)$，$\sigma_1$、$\sigma_2$ 是成像特征点不确定性。成像特征点测量结果的不确定大小与误差函数中的权重值呈现反比关系，不确定性提高，权重便减小，对整体目标函数的影响削弱；反之，当不确定性降低时，权重便相应增大，其对目标函数的作用增强。

原始的图像平面空间内的像点噪声，在经过仿射变换后便转化为一个均匀分布、各向同性且独立同分布的加权协方差矩阵。对该变换后的像点误差不确定性协方差矩阵进行单位化，可使之转换为单位矩阵 $\boldsymbol{Q}^{-1}=\mathrm{diag}(1, 1, 1)$，此时像点误差噪声将符合高斯分布。最终，通过上述过程，我们可以将复杂且非一致的原始数据转换为便于分析与计算的标准形式，建立具有统计意义的加权不确定性重投影误差：

$$\text{error}=\|\boldsymbol{F}x_i^{\mathrm{T}}-\boldsymbol{F}\hat{x}_i^{\mathrm{T}}\|^2 \tag{7-35}$$

式(7-35)阐述了原始图像平面上的加权不确定性在经过 $\boldsymbol{F}$ 变换后，在加权协方差数据空间中如何对重投影误差施以影响，此过程清晰揭示了如何通过构建一个基于加权不确定性的迭代优化目标函数来确保各成像特征点的权重贡献被整合至目标函数之中。这一做法旨在更精确地体现实际测量状况，并促进优化决策。本节建立的目标函数为

$$\begin{aligned} e_{wsi}(\boldsymbol{R},\boldsymbol{t}) &= \sum_{i=1}^{N}\|x_i'-\hat{x}'\|^2=\sum_{i=1}^{N}\|\boldsymbol{F}x_i^{\mathrm{T}}-\boldsymbol{F}\hat{x}_i^{\mathrm{T}}\|^2 \\ &= \sum_{i=1}^{N}\left\|\boldsymbol{F}\left(\frac{r_1^{\mathrm{T}}P_i^{\mathrm{w}}+t_x}{r_3^{\mathrm{T}}P_i^{\mathrm{w}}+t_z},\ \frac{r_2^{\mathrm{T}}P_i^{\mathrm{w}}+t_y}{r_3^{\mathrm{T}}P_i^{\mathrm{w}}+t_z}\right)-\boldsymbol{F}\hat{x}_i^{\mathrm{T}}\right\|^2 \end{aligned} \tag{7-36}$$

在原始图像平面内建立的目标函数通常忽略了图像特征点误差的统计不确定性。通过实施仿射变换方法，这些不确定性的信息得以从初始数据空间转移到加权协方差数据集之中，使构建的新目标函数能够准确反映像点所携带的加权不确定性。通过优化这一改进后的目标函数，我们能获取一个兼顾了特征点误差权重的全局最优化的姿态解。

将图像域内的误差公式迁移至欧氏空间，并对公式(7-36)进行相机成像模型相关的转换操作至关重要。此过程要求应用投影矩阵 $\boldsymbol{H}$，以实现从像素坐标到相机坐标的变换，这一步骤遵循的关系为

$$s\bar{p}_i=\boldsymbol{H}P_i^{\mathrm{c}} \tag{7-37}$$

式中，$s$ 是比例因子。从图 7-1 中可以看出，$P_i^{\mathrm{c}}$ 与视线 $\overline{O_{\mathrm{c}}p_i}$ 之间存在一个距离，根据式(7-35)和式(7-36)给出转换

$$\begin{aligned} e_{wsi}(\boldsymbol{R},\boldsymbol{t}) &= \sum_{i=1}^{N}\|x_i'-\hat{x}'\|^2=\sum_{i=1}^{N}\|\boldsymbol{H}P_i^{\mathrm{c}}-\mathbf{V}_iP_i^{\mathrm{c}}\|^2 \\ &= \sum_{i=1}^{N}\|\boldsymbol{FH}P_i^{\mathrm{c}}-\boldsymbol{F}\mathbf{V}_iP_i^{\mathrm{c}}\|^2 \end{aligned} \tag{7-38}$$

式(7-38)中，$\mathbf{V}_i$ 是投影矩阵，可表示为

$$\mathbf{V}_i=\frac{\bar{p}_i\bar{p}_i^{\mathrm{T}}}{\bar{p}_i^{\mathrm{T}}\bar{p}_i} \tag{7-39}$$

$\mathbf{V}_i$ 中的像点 $\bar{p}_i=(u_i, v_i, 1)$ 是由相机视线 $\overline{O_{\mathrm{c}}p_{\mathrm{i}}}$ 确定的。

根据投影矩阵的性质，$\mathbf{V}_i$ 满足

$$\begin{cases}\|x\| \geqslant \|\mathbf{V}_i x\|,\ x \in \mathbf{R}^3 \\ \mathbf{V}_i^{\mathrm{T}} = \mathbf{V}_i \\ \mathbf{V}_i^2 = \mathbf{V}_i \mathbf{V}_i^{\mathrm{T}} = \mathbf{V}_i \end{cases} \tag{7-40}$$

空间中的点 $P_i^{\mathrm{c}}(P_i^{\mathrm{w}})$ 在相机光心 $O_{\mathrm{c}}$ 与成像平面上像点 $p_i$ 的视线上的投影点为 $P_{i\perp}^{\mathrm{c}}$，有 $P_{i\perp}^{\mathrm{c}} = \mathbf{V}_i P_i^{\mathrm{c}}$。$P_i^{\mathrm{c}}$ 与其投影点 $P_{i\perp}^{\mathrm{c}}$ 之间的距离就是空间共线性误差。空间共线性误差的数学描述为

$$e = \sum_{i=1}^{N} \|\boldsymbol{F}(\boldsymbol{H}P_i^{\mathrm{c}} - P_{i\perp}^{\mathrm{c}})\| = \sum_{i=1}^{N} \|\boldsymbol{F}(\boldsymbol{H} - \mathbf{V}_i)P_i^{\mathrm{c}}\| \tag{7-41}$$

空间点在相机坐标系下的坐标 $P_i^{\mathrm{c}}$ 与其在世界坐标系下的坐标 $P_i^{\mathrm{w}}$ 间的关系为

$$P_i^{\mathrm{c}} = \boldsymbol{R}P_i^{\mathrm{w}} + \boldsymbol{t} \tag{7-42}$$

空间共线性误差方程式(7－41)可以表示为

$$e_i(\boldsymbol{R},\ \boldsymbol{t}) = \sum_{i=1}^{N} \|(\boldsymbol{H} - \mathbf{V}_i)(\boldsymbol{R}P_i^{\mathrm{w}} + \boldsymbol{t})\|^2 \tag{7-43}$$

由式(7－43)所示的共线性误差方程可以看出，它是一个关于 $\boldsymbol{R}$ 和 $\boldsymbol{t}$ 的函数。通过投影矩阵 $\mathbf{V}_i$，像点误差不确定信息可以融入到共线性误差方程中。如果已知相机坐标系相对于世界坐标系的旋转矩阵 $\boldsymbol{R}$，误差方程(7－43)就是一个关于 $\boldsymbol{t}$ 的函数，对误差方程求偏导数：

$$\nabla_t e(\boldsymbol{R},\ \boldsymbol{t}) = 0 \Rightarrow \sum_{i=1}^{N} \{2(\boldsymbol{H} - \mathbf{V}_i)\boldsymbol{t} + 2(\boldsymbol{H} - \mathbf{V}_i)\boldsymbol{R}P_i^{\mathrm{w}}\} = 0 \tag{7-44}$$

这样，就可以得到 $\boldsymbol{t}$ 的最优解关于 $\boldsymbol{R}$ 的表达式

$$\begin{cases}\boldsymbol{t}_{\mathrm{opt}}(\boldsymbol{R}) = -\boldsymbol{G}^{-1}\sum_i \boldsymbol{G}_i \boldsymbol{R} P_i^{\mathrm{w}} \\ \boldsymbol{G} = \sum_{i=1}^{N} \boldsymbol{G}_i \\ \boldsymbol{G}_i = \dfrac{1}{N}(\boldsymbol{H} - \mathbf{V}_i)\end{cases} \tag{7-45}$$

通过式(7－45)求 $\boldsymbol{t}$ 的必要条件是矩阵 $\boldsymbol{G}$ 正定。由式(7－45)不难看出，若所有空间目标点在相机成像平面上的投影点不重合，则矩阵 $\boldsymbol{G}$ 一定是正定的，因此要保证空间目标点不在垂直于成像平面的方向共线。

证明：假设任意空间点 $\forall \boldsymbol{x} \in \mathbf{R}^3$，有

$$\boldsymbol{x}^{\mathrm{T}}\boldsymbol{G}\boldsymbol{x} = \boldsymbol{x}^{\mathrm{T}}\left(\frac{1}{N}\sum_{i=1}^{N}\boldsymbol{H} - \frac{1}{N}\sum_{i=1}^{N}\mathbf{V}_i\right)\boldsymbol{x} = \frac{1}{N}\sum_{i=1}^{N}(\boldsymbol{x}^{\mathrm{T}}\boldsymbol{H}\boldsymbol{x} - \boldsymbol{x}^{\mathrm{T}}\mathbf{V}_i\boldsymbol{x}) \tag{7-46}$$

根据式(7－40)投影矩阵的性质，有

$$\begin{aligned} \boldsymbol{x}^{\mathrm{T}}\boldsymbol{G}\boldsymbol{x} &= \frac{1}{N}\sum_{i=1}^{N}(\boldsymbol{x}^{\mathrm{T}}\boldsymbol{H}^{\mathrm{T}}\boldsymbol{H}\boldsymbol{x} - \boldsymbol{x}^{\mathrm{T}}\boldsymbol{V}_i^{\mathrm{T}}\boldsymbol{V}_i\boldsymbol{x}) \\ &= \frac{1}{N}\sum_{i=1}^{N}(\|\boldsymbol{H}\boldsymbol{x}\|^2 - \|\boldsymbol{V}_i\boldsymbol{x}\|^2) \end{aligned} \tag{7-47}$$

由式(7-47)可知，除非所有空间点的投影点重合为一点，否则 $\boldsymbol{x}^{\mathrm{T}}\boldsymbol{G}\boldsymbol{x}>0$。所以矩阵 $\boldsymbol{G}$ 为正定矩阵。

初始设计旨在服务于单目姿态估算的正交迭代方法，本节将其拓展至了双目立体视觉量测范畴，以彰显其适应性及广阔应用潜力。通过深入探索双目视觉系统的几何特性，并依据 3.2 节中的约束关系，本节将两台相机捕获的数据进行了有效整合。这种整合策略使得双目视觉系统获取的所有目标特征点数据被视为一个统一的、广义化的相机捕捉的信息集。这种方法在保持算法结构不变的前提下，成功地将正交迭代算法的应用范畴扩展至更广泛的领域。

如图 7-3 所示，双目立体视觉量测系统有 2 个相机。$O_{\mathrm{w}}X^{\mathrm{w}}Y^{\mathrm{w}}Z^{\mathrm{w}}$ 为目标坐标系，设特征点在该坐标系下坐标 $P_i^{\mathrm{w}}=(x_i^{\mathrm{w}}, y_i^{\mathrm{w}}, z_i^{\mathrm{w}})$。$O_{\mathrm{cl}}X_{\mathrm{l}}^{\mathrm{c}}Y_{\mathrm{l}}^{\mathrm{c}}Z_{\mathrm{l}}^{\mathrm{c}}$ 和 $O_{\mathrm{cr}}X_{\mathrm{r}}^{\mathrm{c}}Y_{\mathrm{r}}^{\mathrm{c}}Z_{\mathrm{r}}^{\mathrm{c}}$ 为相机坐标系。特征点 $P_i$ 在相应的相机坐标系下的坐标 $P_{i\mathrm{l}}^{\mathrm{c}}=(x_{i\mathrm{l}}^{\mathrm{c}}, y_{i\mathrm{l}}^{\mathrm{c}}, z_{i\mathrm{l}}^{\mathrm{c}})$和 $P_{i\mathrm{r}}^{\mathrm{c}}=(x_{i\mathrm{r}}^{\mathrm{c}}, y_{i\mathrm{r}}^{\mathrm{c}}, z_{i\mathrm{r}}^{\mathrm{c}})$。$P_i$ 投影到相机的归一化图像平面得到的像点坐标 $\bar{p}_{i\mathrm{l}}=(u_{i\mathrm{l}}, v_{i\mathrm{l}}, 1)$和 $\bar{p}_{i\mathrm{r}}=(u_{i\mathrm{r}}, v_{i\mathrm{r}}, 1)$。

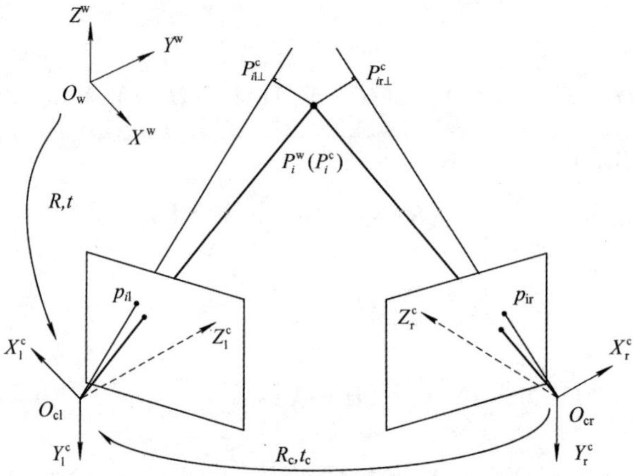


图 7-3 双目立体视觉量测系统

公式(7-41)展现的单目视觉下共线性误差方程中涉及的点 $P_i^{\mathrm{c}}$ 和 $\bar{p}_i$ 源自同原点的坐标系，因此它们的坐标可表示为向量形式。而针对立体视觉场景中的相机捕获点与像点的坐标表示，为确保对广义正交迭代(Generalized Orthogonal Iteration，GOI)算法的有效推导和计算，所有从不同相机获取的信息需转换至一个统一的参考坐标系下。本节以左相机的坐标系作为立体视觉量测系统的参考坐标系，并考虑与运动目标坐标的相对姿态关系 $\boldsymbol{R}$ 和

$\boldsymbol{t}$ 作为优化目标。在假设已完成对双目视觉系统校准的基础上，已知旋转矩阵 $\boldsymbol{R}$ 和平移向量 $\boldsymbol{t}$，所有后续数据分析均以此为前提。

运动目标特征点 $P_i$ 坐标 $P_{i1}^{c}=\boldsymbol{R}P_i^{w}+\boldsymbol{t}$ 。

$\overrightarrow{O_{cl}P_{il}^{c}}$ 向量坐标为

$$\boldsymbol{P}_{i1}^{c}=[P_{i1}^{c}-(0,0,0)^{T}]=P_{i1}^{c} \tag{7-48}$$

$\overrightarrow{O_{cl}P_{il}^{c}}$ 向量坐标为

$$\boldsymbol{p}_{i1}=[\boldsymbol{p}_{i1}-(0,0,0)^{T}]=\bar{p}_{i1} \tag{7-49}$$

则沿着 $\overline{O_{cl}P_{i1}^{c}}$ 视线方向的投影矩阵为

$$\mathbf{V}_{i1}=\frac{\boldsymbol{p}_{i1}\boldsymbol{p}_{i1}^{T}}{\boldsymbol{p}_{i1}^{T}\boldsymbol{p}_{i1}}=\frac{\bar{p}_{i1}\bar{p}_{i1}^{T}}{\bar{p}_{i1}^{T}\bar{p}_{i1}} \tag{7-50}$$

$\overrightarrow{O_{cr}P_{ir}^{c}}$ 向量坐标为

$$\boldsymbol{P}_{ir}^{c}=P_{i1}^{c}-[\boldsymbol{R}_{c}\times(0,0,0)^{T}+\boldsymbol{t}_{c}]=\boldsymbol{R}P_{i}^{w}+\boldsymbol{t}-\boldsymbol{t}_{c} \tag{7-51}$$

$\overrightarrow{O_{cr}p_{ir}}$ 向量坐标为

$$\boldsymbol{p}_{ir}=\boldsymbol{R}_{c}\bar{p}_{ir}+\boldsymbol{t}_{c}-[\boldsymbol{R}_{c}\times(0,0,0)^{T}+\boldsymbol{t}_{c}]=\boldsymbol{R}_{c}\bar{p}_{ir} \tag{7-52}$$

则沿着 $\overline{O_{cr}p_{ir}}$ 视线方向的投影矩阵为

$$\mathbf{V}_{ir}=\frac{\boldsymbol{p}_{ir}\boldsymbol{p}_{ir}^{T}}{\boldsymbol{p}_{ir}^{T}\boldsymbol{p}_{ir}}=\frac{\boldsymbol{R}_{c}\bar{p}_{ir}\bar{p}_{ir}^{T}\boldsymbol{R}_{c}^{T}}{p_{ir}^{T}\boldsymbol{R}_{c}^{T}\boldsymbol{R}_{c}\bar{p}_{ir}} \tag{7-53}$$

设共有 $N$ 个特征点 $P_i$ ，并设 $\boldsymbol{t}^{j}=\begin{cases}0, & j=l\\ \boldsymbol{t}_{c}, & j=r\end{cases}$ 则有

$$P_{ij}^{c}=\boldsymbol{R}P_{i}^{w}+\boldsymbol{t}-\boldsymbol{t}^{j} \tag{7-54}$$

其中，$j=1$, r。本节所构建的目标函数采用的是空间共线性误差的 L2 范数形式，旨在全面捕捉所有相机收集的目标特征点的空间共线性误差，并融入目标特征点不确定性的权重信息。这一框架下的优化求解策略，通过权衡特征测量误差来执行广义正交迭代过程，具体步骤如下：

步骤 1　相机 $j$ 获取的特征点 $P_i$ 的目标空间共线性误差为

$$e_{ij}=(\boldsymbol{I}-\mathbf{V}_{ij})P_{ij}^{c} \tag{7-55}$$

根据式(7-43)，建立的目标误差函数为

$$\begin{aligned}e_{i}(\boldsymbol{R},\boldsymbol{t})&=\sum_{j=1}^{r}\sum_{i=1}^{N}\|e_{ij}\|^{2}=\sum_{j=1}^{r}\sum_{i=1}^{N}\|(\boldsymbol{I}-\mathbf{V}_{ij})P_{ij}^{c}\|^{2}\\&=\sum_{j=1}^{r}\sum_{i=1}^{N}\|(\boldsymbol{I}-\mathbf{V}_{ij})(\boldsymbol{R}P_{i}^{w}+\boldsymbol{t}-\boldsymbol{t}^{j})\|^{2}\end{aligned} \tag{7-56}$$

式(7-56)所示的目标函数旨在全面考量统一相机坐标系内各目标特征点的空间共线

性偏差。相较于单一相机场景，立体视觉测量中的多台相机利用彼此间的固定相对位姿关系，对所有捕获到的目标特性数据进行整合优化处理。这一策略不仅强化了约束条件的设定，同时引入了额外的冗余信息来源，确保通过此目标函数求解得到的姿态解具有更高的稳定性和精度。

步骤 2　给定 $\boldsymbol{R}$ 的值，根据式(7-56)推导平移向量 $\boldsymbol{t}$，可以由闭环形式计算：

$$\boldsymbol{t}_k=\boldsymbol{t}(\boldsymbol{R}_k)=\frac{1}{N}\left(I-\frac{1}{N}\sum_{j=1}^{\mathrm{r}}\sum_{i=1}^{N}\boldsymbol{V}_{ij}\right)^{-1}\sum_{j=1}^{\mathrm{r}}\sum_{i=1}^{N}(\boldsymbol{V}_{ij}-\boldsymbol{I})(\boldsymbol{R}_kP_i^{\mathrm{w}}-\boldsymbol{t}^j) \qquad (7-57)$$

其中，$k$ 表示第 $k$ 次迭代。

步骤 3　根据公式(7-54)计算得到第 $k$ 次迭代的 $P_{ij(k)}^{\mathrm{c}}$：$P_{ij(k)}^{\mathrm{c}}=\boldsymbol{V}_kP_i^{\mathrm{w}}+\boldsymbol{t}_k-\boldsymbol{t}^j$。

步骤 4　根据目标误差函数(7-56)，则有

$$R_{k+1}=\arg\min(R)\sum_{j=1}^{\mathrm{r}}\sum_{i=1}^{N}\left\|\boldsymbol{R}P_i^{\mathrm{w}}+\boldsymbol{t}-\boldsymbol{t}^j-\boldsymbol{V}_{ij}P_{ij(k)}^{\mathrm{c}}\right\|^2 \qquad (7-58)$$

此时，定义

$$W_{ij}(\boldsymbol{R}_k)=(\boldsymbol{V}_{ij}P_{ij(k)}^{\mathrm{c}}+\boldsymbol{t}^j) \qquad (7-59)$$

则有

$$R_{k+1}=\arg\min(\boldsymbol{R})\sum_{j=1}^{\mathrm{r}}\sum_{i=1}^{N}\left\|\boldsymbol{R}P_i^{\mathrm{w}}+\boldsymbol{t}-W_{ij}(\boldsymbol{R}_k)\right\|^2 \qquad (7-60)$$

定义

$$\bar{P}^{\mathrm{w}}=\frac{1}{N}\sum_{j=1}^{\mathrm{r}}\sum_{i=1}^{N}P_i^{\mathrm{w}} \qquad (7-61)$$

$$\bar{W}_{ij}(\boldsymbol{R}_k)=\frac{1}{N}\sum_{j=1}^{\mathrm{r}}\sum_{i=1}^{N}W_{ij}(\boldsymbol{R}_k) \qquad (7-62)$$

$$M(\boldsymbol{R}_k)=\frac{1}{N}\sum_{j=1}^{\mathrm{r}}\sum_{i=1}^{N}(W_{ij}(\boldsymbol{R}_k)-\bar{W}_{ij}(\boldsymbol{R}_k))(P_i^{\mathrm{w}}-\bar{P}^{\mathrm{w}}) \qquad (7-63)$$

所以，可以得到

$$\boldsymbol{R}_{k+1}=\arg\min(\boldsymbol{R})\operatorname{tr}(\boldsymbol{R}^{\mathrm{T}}M(\boldsymbol{R}_k)) \qquad (7-64)$$

式(7-64)可以使用奇异值分解来求解得到旋转矩阵 $\boldsymbol{R}$。

步骤 5　判断迭代矩阵是否收敛，若不收敛则返回步骤 2 重新计算；若收敛则结束，输出迭代求解的位姿参数 $\boldsymbol{R}$ 和 $\boldsymbol{t}$。

## 7.4　合作目标位姿估计测试

为了系统地评估基于特征点测量误差加权的广义正交迭代位姿估计技术的实际应用效

果，本节设计并实施了一组真实场景测试实验。本次实验选用 Mikrotron 公司提供的 EoSens Ⓡ 3CL 高速、高灵敏度摄像设备，具体型号为 MC3010，像素分辨率为 1280×1024，像元尺寸为 0.008 mm×0.008 mm，配合使用 AF Zoom-Nikkor 24-85 mm/1∶2.8-4D 镜头，确保了优异的画面捕捉能力。实验选取了被测目标的 9 个关键参考点进行精密测量操作，以全面检测目标物体在不同位置的相对位姿变化情况。同时，为了更加直观地展示目标姿态，本节在目标上构建了一个虚拟长方锥体，其顶点分布如图 7-4 所示。

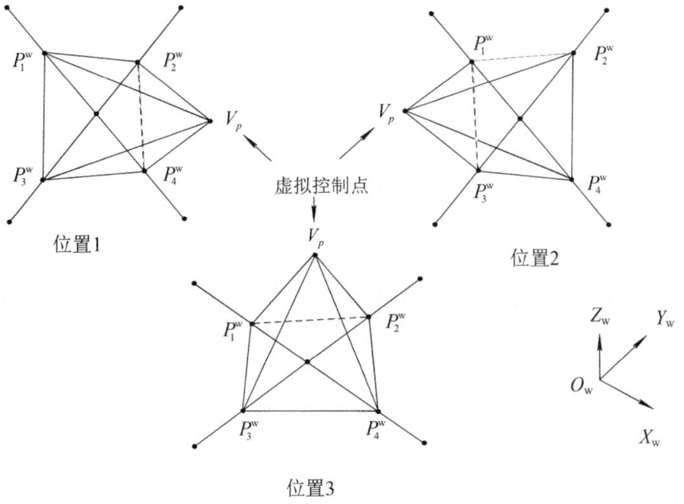


图 7-4　被测目标空间位置及顶点分布

实验中，首先依据文中提出的位姿估计算法计算出两台相机间的旋转矩阵与平移向量。设参考坐标系位于左相机坐标系内，对虚拟长方锥体执行重映射变换，将其投射至图像平面，并将此位置与被测对象的实际摆放位置进行对比，以直观地评估姿态估算的效果。若估算结果误差小于一定阈值，则虚拟长方锥体的投影能真实反映目标在实际场景中的姿态；反之，如果估计不是全局最优解，投影则会存在偏差和变形。通过这种方法，以实际目标摆放位置为对象，使用广义正交迭代算法和比例正交迭代变换(Pose from Orthography and Scaling with Iterations，POSIT)算法对被测物体在不同位置和姿态下进行位姿估计，7-5(a)和(b)分别为被测物体摆放位置示意图和参考点提取及重投影结果。

图 7-5(c)展现了广义正交迭代算法预测出的目标实际位置和方向的准确性，虚拟长方锥体能精确反映被测目标的姿态，这验证了该算法在实际环境中的适用性。图 7-5(d)为 POSIT 算法得到的结果。将图 7-5 (c)和图 7-5 (d)中的第一幅图像进行对比不难发现，相较于 POSIT 算法，使用广义正交迭代算法预测的目标重映射长方锥体顶点位置和方向更接近于被测目标在现实场景中的真实姿态。

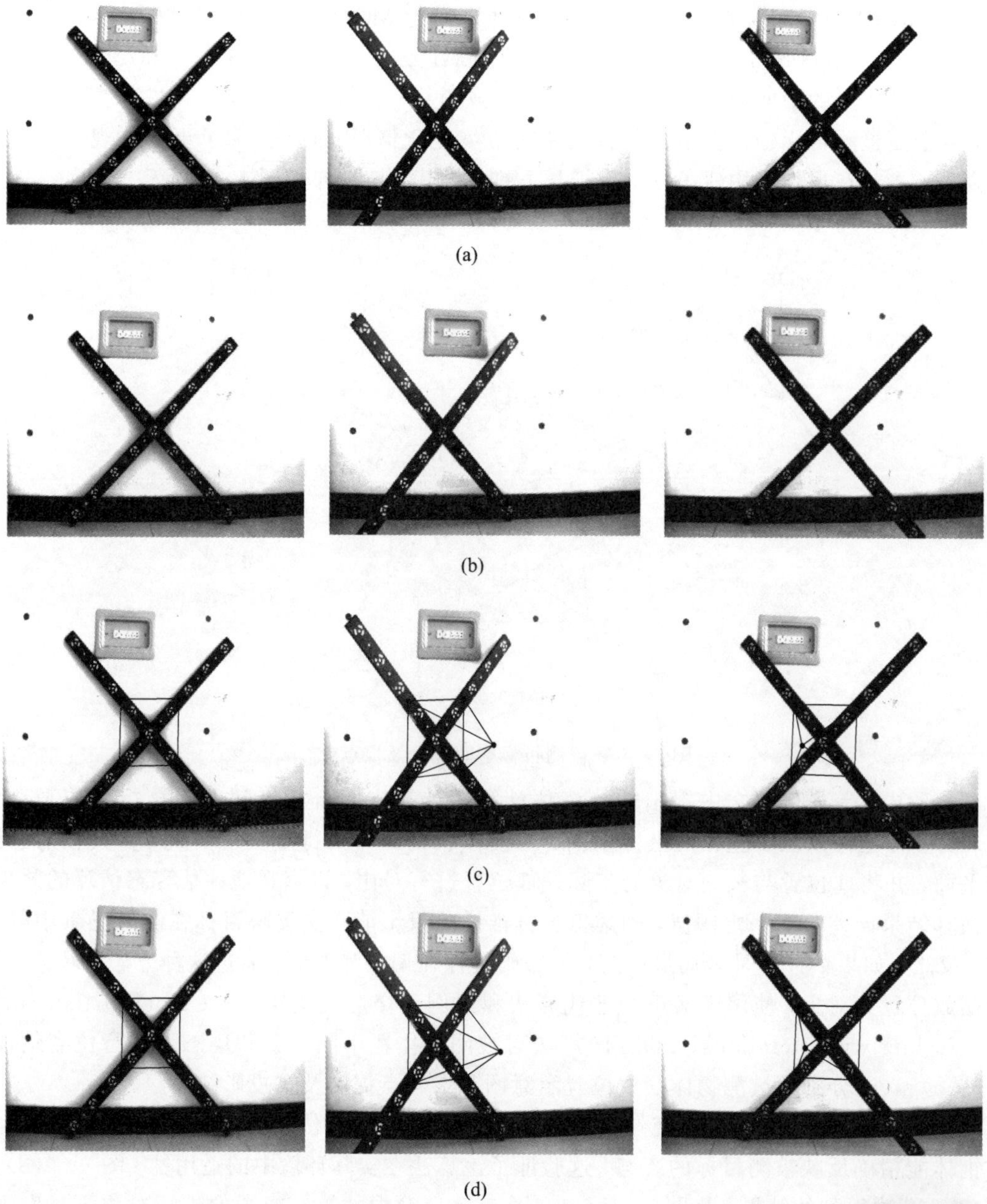


图 7-5 实验结果

为了验证广义正交迭代算法的实际精度，本节对位姿估计的参考点进行重投影，将得到的图像坐标与初始参考点的图像坐标进行比较。实验在不同位姿下重复进行 50 次，使用最大误差和标准差作为评估指标，得到的重投影误差如表 7-1 所示。结果表明，广义正交迭代算法能够实现高精度的位姿估计。

**表 7-1　重投影误差(像素)**

| 参考点 | 最大误差 | 标准差 |
|---|---|---|
| 1 | 0.113 | 0.089 |
| 2 | 0.118 | 0.091 |
| 3 | 0.121 | 0.101 |
| 4 | 0.101 | 0.072 |
| 5 | 0.119 | 0.094 |
| 6 | 0.113 | 0.082 |
| 7 | 0.110 | 0.081 |
| 8 | 0.123 | 0.096 |
| 9 | 0.126 | 0.102 |

## 7.5　本章小结

在视觉量测过程中，目标成像特征点因受到各向异性的测量噪声影响，形成了一种非独立同分布特性，并表现出明显的方向性趋势。鉴于传统的共线性误差方程构建的目标函数，在通过迭代优化求解后所得的位姿估计并非完全符合实际情况的全局最优方案，本章引入了一种基于特征点测量误差加权的广义正交迭代算法，用于进行位姿估计，旨在提高精度与实用性。首先，该算法对每个特征点的方向不确定性进行了建模，并量化了成像过程中特征点的不确定性对目标函数的影响，进而构建了一个能够综合考虑空间共线性误差和成像特征点测量噪声的目标函数，通过加权处理以更准确地反映实际场景中的信息差异。随后，该算法对位姿进行估计，同时扩展至立体视觉领域，并结合了对特征点不确定性加权的模型来确立基于透视投影模型的空间共线性误差。为了验证所提出理论与算法的有效性和实用性，本章进行了若干仿真实验和实际测试。结果显示，本章提出的算法进行的位姿估计不仅具有较高的精度、稳定性，而且在模拟场景取得了良好的效果。这一成果证明了基于特征点测量误差加权的广义正交迭代算法在提升视觉量测准确性与可靠性方面的潜力。

# 第 8 章　立体视觉三维信息解算硬件加速技术

## 8.1　CUDA 编程平台

### 8.1.1　CUDA 线程组织架构

当下的编程体系已显现出在异构硬件环境下并行计算能力的不足。CUDA C++是C++标准的扩展，其专注于图形处理单元(Graphics Processing Unit，GPU)上并行计算效能的提升[88]。在这一架构中，程序被拆分为CPU端的串行处理部分和GPU核心上执行的并行计算组件。图8-1直观地展现了CUDA所带来的并行化能力，即多个线程块可以并行地运行一个特定核函数，而总线程数量则由参与并行计算的操作线程块总数以及每个线程块内的线程数共同决定。通常，操作线程块的配置会根据处理数据规模或系统内GPU核心的实际负载来进行优化选择。

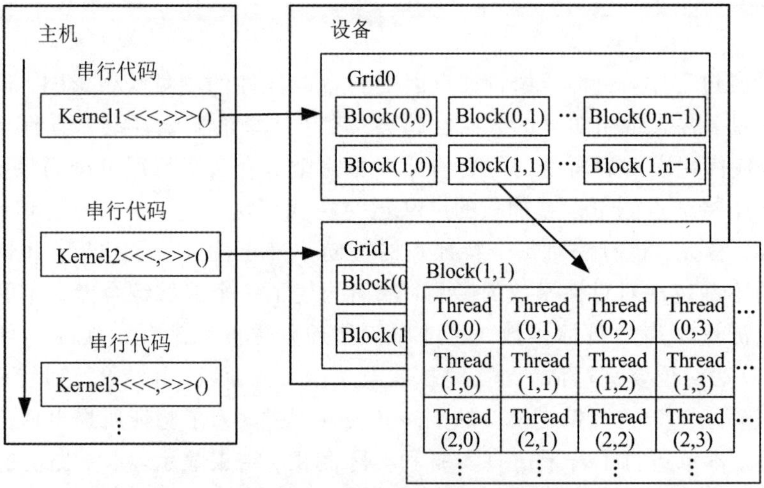


图 8-1　CUDA 并行处理结构示意图

在利用 CUDA 实现并行计算时，GPU 只能访问其自己的显存区域，无法直接接触

CPU 的内存空间，故需将所需数据预先从主机内存中传输至 GPU 的显存。完成计算任务后，结果数据会被转移到 CPU 的内存中以便后续处理。共享存储器因其高速访问特性而成为程序设计的关键组件；同一线程块内的所有线程能够共享并同时读写这些数据区域。

考虑到 GPU 内部存储器的性质和性能限制，CUDA 编程实践中常采用分段化数据策略，即允许多线程在共享存储器中并发访问同一数据段，从而减少因数据加载与传输引发的线程闲置或等待现象。处理单元完成计算后，生成的数据会暂存于共享存储器与全局存储器中，后续由 CPU 调用进行结果分析。为了优化并行程序的实际运行效率并减少资源浪费，应力求减少不必要的数据交换次数，并控制其耗时程度。合理的数据布局、CUDA 存储器管理功能的充分利用以及恰当的代码结构设计，可以显著提升 GPU 计算性能与任务执行速度。

## 8.1.2　CUDA 存储结构

图 8-2 直观展现了 CUDA 存储体系结构，其中包括寄存器(Register)、局部存储器(Local Memory)、共享存储器(Shared Memory)、全局存储器(Global Memory)、常量存储器(Costant Memory)以及纹理存储器(Texture Memory)，同时清晰地展现了设备端与主机对于不同存储器的访问权限。局部存储器及寄存器仅为线程所私有。其中，寄存器提供高速访问但数量有限，当寄存器资源耗尽时，系统会利用局部存储器进行数据读写。共享存储器允许同一线程块内所有线程的共同访问，并拥有较快的数据访问速度。因此，在编程设计阶段，可考虑将部分数据存储于共享存储器。全局存储器具备设备端与主机端的双

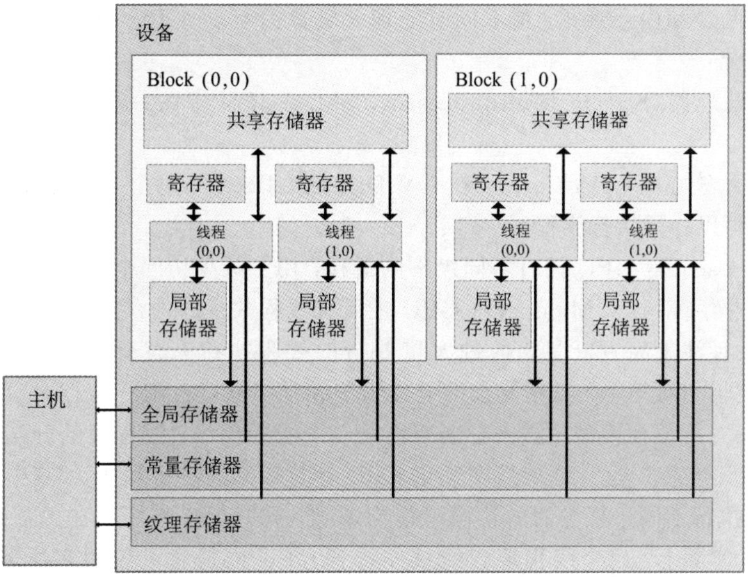


图 8-2　CUDA 存储体系结构

向读写特性，并为设备端向主机端提供唯一数据传送通道。相较于其他仅限于设备内部单向或只读操作的存储器类型，全局存储器的访问延迟较长，因此，在编程过程中，应尽可能减少不必要的全局存储器访问。从主机至设备的数据传输有 3 种主要方式：除能进行双向数据交换的全局存储器外，常量存储器与纹理存储器仅支持单向传输。对于设备端而言，常量存储器和纹理存储器的存储均为只读，并内设缓存机制以提升数据访问效率。它们在性能上有不同特点，在计算过程中应根据具体数据属性选择最佳适用的存储器。

在执行大量局部空间操作任务时，纹理存储器具有极佳的数据读取速度。而常量存储器的优势主要体现在两个方面：第一，能够快速连续对同一地址进行访问；第二，一次读取操作可以瞬间覆盖整个线程束中的 16 个邻近线程，实现数据的高效传输。因此，在设计实现应用程序时，利用纹理存储器来进行图像数据的写入与读取操作，能够显著提升数据传输效率。同时，针对在计算过程中高频使用或被大量线程共享的数据，如匹配参数等常量信息，将这些资源放置于常量存储器内，能有效提升程序性能。

## 8.2 基于 CUDA 架构的 GPU 并行计算实现方式

### 8.2.1 GPU 硬件构架与 CUDA 程序执行原理

GPU是专为并行处理设计的计算设备，与CPU相比，GPU拥有更多的处理单元，具有更高的指令吞吐量和内存带宽，能够同时处理大量数据[89]。 GPU 的体系结构通常包括以下几个关键部分：

(1) 流多处理器(Stream Multiprocessor，SM)：GPU 中的一个处理单元，包含多个 CUDA 核心。

(2) CUDA 核心(CUDA Core)：在 NVIDIA 的 GPU 中，每个 SM 包含多个 CUDA 核心，这些核心可以并行执行线程。

(3) 缓存(Cache)：GPU 拥有不同级别的缓存，用于减少访问全局存储器的延迟。

(4) 全局内存(Global Memory)：GPU 中所有线程共享的内存空间。

GPU 的设计注重高吞吐量，通过大量并行的线程执行来优化性能。 与 CPU 相比，GPU 的控制逻辑相对简单，没有复杂的分支预测和乱序执行机制。

在 CUDA 并行编程模型中，核心框架涵盖 3 个主要层面：线程组的分层架构、共享存储机制以及同步屏障。 这一框架旨在优化 GPU 计算效率与资源利用。 其中，分层架构以促进多线程在执行不同子任务时的协同工作为基础，同时保障程序表述的清晰度与自动化的可扩展性。 实际上，每个线程块皆能被安排到 GPU 内任意可用的多处理核心上运行，无论其并行化方式是乱序、并发还是顺序，由此生成的 CUDA 程序都能够适应不同数量的多处理器环境，而只有在运行时才需了解具体的多处理器配置。

这样的策略提供了由精细粒度数据并行至线程级再到粗粒度数据及任务级别的嵌套层次。它引导编程者将问题分解为适合线程块并行处理的大规模子任务，并确保每个子任务能进一步细分为可由内部线程协同解决的小单元，从而提高了计算效率与资源利用率。

## 8.2.2　NVCC 编译 CUDA 源程序的 GPU 并行编程实现

在 Visual Studio 和 CUDA Toolkit 集成平台中，通过 Mex 脚本实现集成开发非常便捷。此模式下，构建 CUDA 并行程序要借助 Visual Studio，而 Mex 脚本的执行则需依赖 CUDA 与 Visual Studio 两者的协同作用。特别设计的用于处理向量与矩阵运算的 Mex 文件，因其具有对 GPU 并行计算架构的强大适应性，能显著提升程序运行效率[90]。在该过程中，使用 NVCC 编译器在命令行或函数调用中将 CUDA 源代码和目标文件进行编译，以备后续通过 Mex 或 Mexcuda 执行 GPU 并行运算，如图 8-3 所示。项目创建时，在 Visual Studio 中新增 CU 文件，并选择 CUDA 作为自定义构建选项。

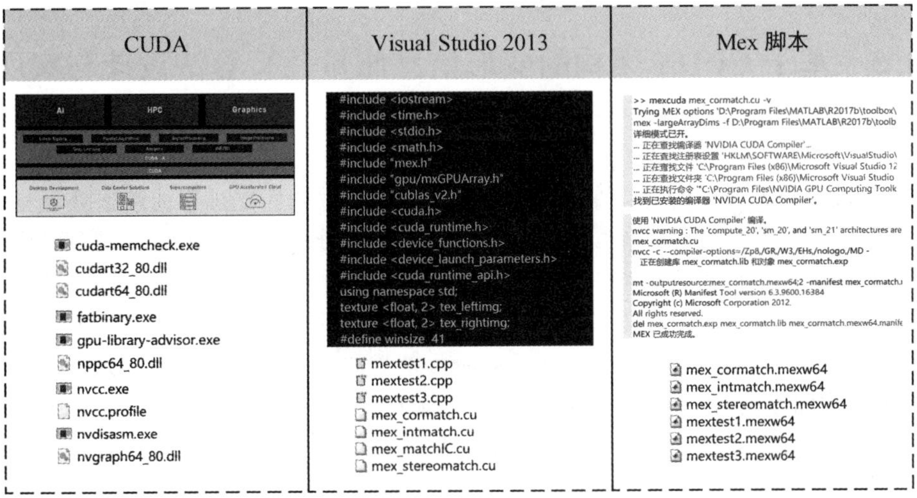


图 8-3　NVCC 编译 CUDA 源程序的 GPU 并行编程机制

在 NVIDIA GPU 专用 NVCC 编译器的支持下，无论是通过命令行操作还是函数调用执行代码编译，编译带有“.cu”扩展名的文件中的并行计算代码后，都可以使用 Mexcuda 指令将这些代码转换为可执行的 Mex-Function 文件，后续在 Visual Studio 项目中引入 CU 文件，并在自定义构建设置里选择 CUDA 文件类型。值得一提的是，通过与高级语言编写的程序进行交互，Mex 脚本能实现代码复用、开发流程简化以及编程与运行效率提高。而

Mexcuda 作为 Mex 功能的进阶版，在 CUDA C++框架内提供了对 GPU 内核函数定义和启动的支持，并配套了 GPU Mex API 接口。这使得 Mex 脚本能够灵活地对 GPUArrays 进行读写操作，确保了程序运行的流畅性。NVCC 用于编译 CUDA 源代码实现 GPU 并行编程的方法展现出高度的灵活性，其不仅克服了跨语言交互时可能遇到的困难，而且不受函数重载问题的影响[91-92]。

此外，CUDA C++能够支持定义 C++函数与核函数，常规 C++函数执行一次，而核函数由 $N$ 个不同的 CUDA 线程并行执行 $N$ 次。通过 __global__ 声明定义核函数，并使用执行配置语法 <<<…>>> 定义线程数目来执行。执行核函数的每个线程都有唯一线程 ID，可以直接通过内置 threadIdx 变量来获取。对于一维块，线程 ID 为一个分量值 threadIdx. x；对于($M$，$N$)二维块，线程 ID 通过 threadIdx. x$+M\times$threadIdx. y 求得；而对于($M$，$N$，$K$)三维块，则 ID 可以表示为 threadIdx. x $+ M \times$ threadIdx. y $+ M \times N \times$ threadIdx. z。在实际执行过程中，可以在命令行窗口中输入 GPUDevice 命令来显示 GPU 块的最大线程数，输入 mexcuda-setup-v 命令来检测 CUDA 配置环境，输入 mexcuda match. cu-v 命令可以将 match. cu 文件编译生成 match. mexw64 文件，接着直接输入 match()，同时输入相应的函数参数就可以实现 match() 脚本文件的并行运算。

## 8.3 基于 CUDA 架构的变形信息测量并行算法设计与实现

在涉及数字图像分析的立体变形信息测量领域中，散斑匹配过程的数据处理量颇为庞大，并且随着每帧图像的数量及影像尺寸的增长，子区间的散斑匹配运算以及亚像素级别的插值计算任务将呈现指数级增长态势。这类现象无疑加剧了耗时问题，进而降低了三维变形测量的效率。基于每个子区间内散斑匹配独立计算的特性和互不干扰的特点，加之变形测量算法的分支复杂度相对较低，且无须涉及繁复的逻辑运算与信息流通交互，因此采用 CUDA 异构编程策略——结合 CPU 与 GPU 协同工作，能够显著提升并行处理性能，并达到更为可观的加速效果。这一策略通过优化数据分解和任务分配流程，有效挖掘计算资源潜力，从而大幅提升了立体变形测量过程中的计算效率以及执行速度。

### 8.3.1 图像子区散斑匹配并行计算方案设计

在三维目标物变形测量实践中，完成一系列时间序列中的散斑匹配与立体关联搜索至关重要，这能识别最高相似度峰值及亚像素级对应坐标。特别是在动态三维变形测量场景下，计算相关系数的工作占整体运算的比例较大，这表明了提高相关系数计算效率对于优化测量流程的重要性。

本节阐述了由 mexw64 文件增强的变形测量方法。该策略借助多线程并行机制，可有效加快散斑匹配过程。图 8－4 描绘了结合 CUDA 架构与 CPU/GPU 异构系统进行的并行散斑匹配流程，其中包括串行处理和并行计算两大阶段。在执行并行计算前，需预设 GPU 环境配置参数，并在主机端定义感兴趣区域(Region of Interest，ROI)、匹配窗口大小、采样频率以及收敛阈值等关键参数。鉴于通常只需分析整幅图像的一部分，选定初始坐标后可估算待匹配的散斑点总数。接下来，在主机中规划 GPU 线程块与线程数量。最后，将收集到的散斑图像信息、点坐标数据及匹配参数发送至 GPU 显存区域进行处理。

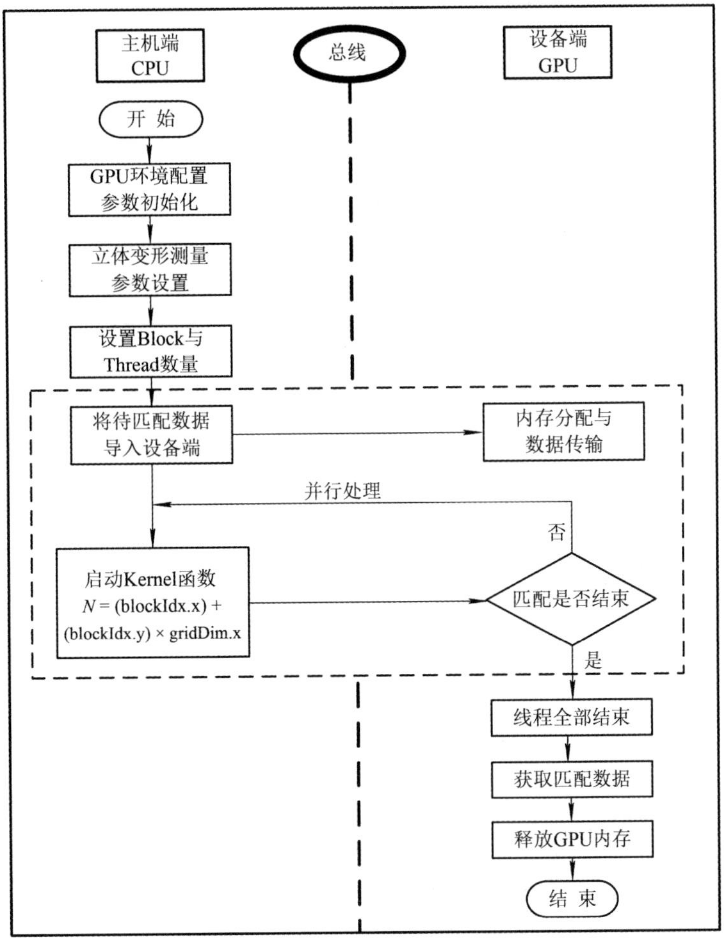


图 8－4　并行散斑匹配流程

基于数字图像处理的三维变形测量，关键在于识别并行计算潜力和利用 CUDA 架构进行优化处理。为了提升 GPU 加速效能，应尽量减少 CPU 与 GPU 间的数据传输次数。在启动并行计算之前，将亚像素级别的散斑子区域匹配信息加载至常量存储器，并导入图像数据至纹理存储器。配准结束后，结果数据需返回主机端进行进一步操作和应用。CUDA 架构擅长处理单精度浮点运算，因此应将待处理数据转换为单精度格式以优化效率。同时，为了充分利用 CUDA 并行计算的能力，应尽量减少计算资源的闲置时间，并确保在调用 Kernel 函数时，每个流多处理器阵列上的线程块都能执行任务。

在具体的编程实现中，CUDA 架构下的并行计算着重于对散斑匹配过程进行优化。为此，在实施并行算法时可以分别针对立体散斑匹配、基于左相机的时间序列散斑图像匹配以及右相机的同类型匹配进行 GPU 端的代码编写工作。对于数字图像相关技术的三维变形测量，重建散斑点的三维空间坐标可以通过两步法来实现：首先完成两次散斑立体匹配过程，然后进行一次基于左相机的时间序列匹配，或者采取一步散斑立体匹配，并分别对左、右相机执行一次时间序列匹配。无论采用哪种策略，在开始执行时都需要使用变形前后由左、右相机捕获的散斑影像作为输入数据源。这一领域的工作和优化过程的关键在于高效识别并行计算机会、合理利用 GPU 资源以及确保算法设计能有效适应 CUDA 架构的特点。本节提出的基于 CUDA 架构的散斑立体匹配 Kernel 函数设计如算法 8－1 所示。

**算法 8－1　基于 CUDA 架构的散斑立体匹配 Kernel 函数**

```
Input: line, MatchPoint, UsefulPoint, L_ImgRef, R_ImgRef, L_ImgDef, R_ImgDef;
Output: MatchPointl, MatchPoint2;
Download pre-calculated data packages;
1: __global__ void stereomatch(float *dev_outwin, float *dev_Rightf, float
 *dev_Leftf, float* dev_line, int pointnum, double *dev_MatchPoint, int*
Usefulpoint, int* imgsize, int *dev_flag)
2: Define thread index int bid = (blockIdx.x)+ (blockIdx.y) * gridDim.x;
3: Initialize parameters;
4: for (intN = bid; N<m; N += 200)   //Speckle stereo matching
    {
5: __shared__ float k; __shared__ float b;
6: invH = (float*)malloc(sizeof(float) * 4) ;
7: H = (float*)malloc(sizeof(float) * 2 * 2) ;
8: J = (float*)malloc(sizeof(float) * 2);
9: derP = (float*)malloc(sizeof(float) * 2);
10: J[0] = -2 * dev_outwin[0 + offset] / gfm;
```

11：$J[1] = -2 * dev\_outwin[0 + winsize + offset] / gfm;$

12：$H[0] = -2 * dev\_outwin[0 + 2 * winsize + offset] / (gfm * gfm);$

13：$H[1] = -2 * dev\_outwin[0 + 3 * winsize + offset] / (gfm * gfm);$

14：$H[2] = H[1];$

15：$H[3] = -2 * dev\_outwin[0 + 4 * winsize + offset] / (gfm * gfm);$

16：$inv(H, 2, invH, dev\_flag);$

17：$Pro(invH, J, 2, 1, 2, derP, dev\_flag);$

18：$dev\_outwin[0 + offset] = derP[0];$

19：$dev\_outwin[1 + offset] = derP[1];$

20：$free(H);$

21：$free(invH);$

　　}

22：$free(J);$

23：$match\_point1 = match\_point2 + derP[0];$

24：$b1 = b2 + derP[1];$

25：$normP = gpusqrt(derP[0] * derP[0] + derP[1] * derP[1]);$

26：$\_\_syncthreads();$

27：$while (normP > detT);$

28：$output$

29：$end$

30：$free(point);$

31：$end$

---

在构建 Kernel 函数时，为了确保线程之间对共享存储器的同步访问，有必要采用 __syncthreads()指令设置适当的阻塞点。在设备端代码设计阶段，需通过声明全局存储器变量以预定义资源，此操作应当借助__device__关键字实现于 Kernel 函数之前。对于主机端而言，在进行动态内存分配时可以利用 malloc 函数。基于这一考量，在 Mex 函数 void mexFunction(int nlhs, mxArray * plhs[], int nrhs, const mxArray * prhs[])的上下文中，可以通过如下代码段为图像数据分配适当的内存空间：

leftimg=(float * )malloc(sizeof(float) * ncol * nrow);

rightimg=(float * )malloc(sizeof(float) * ncol * nrow);

此外，语句

```
cudaMemcpyToArray(rightArray, 0, 0, rightimg, sizeof(float) * )ncol * nrow;
    cudaMemcpyHostToDevice);
cudaBindTextureToArray(tex_rightimg, rightArray);
```

可以实现图像数据到纹理存储器的载入。这样便完成了从主机端到设备端的图像数据加载过程。

针对 CUDA 架构中的并行任务分配，确保 GPU 与 CPU 间的操作协同至关重要。利用 Thread Synchronize()功能可以实现高效同步，避免数据加载和传输过程中可能产生的混乱现象。在 GPU 环境中，通过__syncthreads()函数能保证同一块内线程在执行散斑匹配与亚像素插值时保持一致步骤，从而优化共享资源的访问性能。不同块之间的同步则借助 Memory Fence()功能实现。进行时间序列匹配和立体匹配时，Kernel 函数间的数据交互通过访问内存完成。

当 Kernel 函数根据预先配置的线程块数及线程数量启动后，开始执行像素级与亚像素级搜索任务，并返回标志位以指示迭代是否已收敛。待所有线程计算结束，匹配结果从 GPU 传回 CPU 内存区域。至此，亚像素搜索阶段终结。在运行 mexw64 脚本文件的程序中，计时代码用于跟踪并行计算部分的时间消耗情况。这样的处理流程能够有效地完成 CUDA 环境下的散斑点搜索任务，并优化整个系统的工作效率。

## 8.3.2 基于 CUDA 架构的亚像素匹配并行算法性能分析

在散斑子区匹配并行计算加速策略中，散斑子区匹配像素灰度值的求和方法为

$$\begin{cases} f_m = \dfrac{1}{(2M+1)^2}\sum\limits_{i=-M}^{M}\sum\limits_{j=-M}^{M} f(x_i, y_j) \\ g_m = \dfrac{1}{(2M+1)^2}\sum\limits_{i=-M}^{M}\sum\limits_{j=-M}^{M} g(x_i', y_j') \end{cases} \tag{8-1}$$

式中，$f(x_i, y_j)$ 是参考图像在点 $(x_i, y_j)$ 处的灰度值，$g(x_i', y_j')$是目标图像中对应的同名点 $(x_i', y_j')$ 处的灰度值。

因匹配窗口大小为 $2M+1$，故能够利用开启 $2M+1$ 个线程的并行计算模式实现对单一列像素的并行求和处理。在此基础上，每个启动的线程再执行 $2M+1$ 次循环运算。这一策略使得并行计算模式下的多轮循环操作等效于串行处理下相同数量的循环运算，从而极大地加速了整体匹配过程。

由于 CUDA 架构中每个线程块中还包含多个线程，因此在基于 GPU 的并行计算中，单个散斑点的亚像素搜索可以通过多个线程完成。在目标图像的散斑子区匹配过程中，各个散斑点间亚像素位置处的灰度值插值运算互不影响，可以通过创建 $2M+1$ 个线程分别对 $2M+1$ 列的散斑点进行亚像素插值并行计算，这样能够明显减少插值计算的耗时，提高亚像素插值的计算效率。亚像素插值程序的串行代码与并行代码如图 8-5 所示。

```
double spline1(double *matrix_x,         <double> matrix_y, int size,double k)
{
    ... ....
    for(int i=0;i<size;++i)     //Calculate interpolation point value
        {
            ... ...
            m[0]=fxym[i]/(6*h[i]); m[1]=fxym[i+1]/(6*h[i]);
            m[2]=(y[i+1]-y[i]-(pow(h[i],2)*(fxym[i+1]-fxym[i]))/6)/h[i];
            m[3]=y[i]; m[4]=-(pow(h[i],2)*(fxym[i]))/6;
            k=pow((input1-k),3)*m[0]+pow((k-input2),3)*m[1]+(k-input2)*m[2]+m[3]+m[4];
            break;
        }
    ... ...                                                Standard C++ Code
}

__device__ float spline1(float *matrix_x, float *matrix_y, int size, float spline_x)
{
    ... ....
    for (int i = 0; i < size - 1; ++i)  //Calculate interpolation point value
        { ... ...
            m[0] = fxym[i] / (6 * h[i]);  m[1] = fxym[i + 1] / (6 * h[i]);
            temp = gpupow(h[i], 2);
            m[2] = (matrix_y[i + 1] - matrix_y[i] - (temp*(fxym[i + 1] - fxym[i])) / 6) / h[i];
            m[3] = matrix_y[i];  m[4] = -(temp*(fxym[i])) / 6;
            temp = gpupow((input1 - spline_x), 3);
            temp1 = gpupow((spline_x - input2), 3);
            spline_out = temp*m[0] + temp1*m[1] + (spline_x - input2)*m[2] + m[3] + m[4];
            break;
        }
            free();        int bid = (blockIdx.x) + (blockIdx.y)*gridDim.x;
            ... ...        int tid = threadIdx.x;
                           int offset = bid * 41 * 41;          Parallel C++ Code
}
```

图 8－5　亚像素插值程序的串行代码与并行代码

以待插值区域中心所界定的视窗为计算基础单位的双三次样条插值法为例，在实际的数据测量环节中，重点在于解析散斑图像中行与列在亚像素级别的灰度值。图 8－5 对比了并行插值算法和传统的 C＋＋串行程序，在三维变形测量领域内，并行插值算法能显著提高 DIC 技术的实时性能。

考虑到 CUDA 架构下的并行编程体系对运算速率的影响显著，优化数据传输与访问机制显得尤为重要。应用线程同步机制能够解决存储器累加操作中的顺序问题，并确保数据流的顺畅。为满足局部空间优化需求和提高二维数据处理效率，将试件在变形前后的图像信息加载至纹理存储区中，以实现对大量空间位置的有效访问。针对图形密集型应用的特点，纹理存储器的设计旨在通过支持二维空间上的局部性优化来提高性能表现。特别是当并行程序涉及频繁的局部操作时，合理利用纹理存储器能显著提升程序的整体效率。CU 文件的创建与 Mexw64 文件的生成有效地避开了重载函数限制，进而提升了 GPU 功能的可访问度。

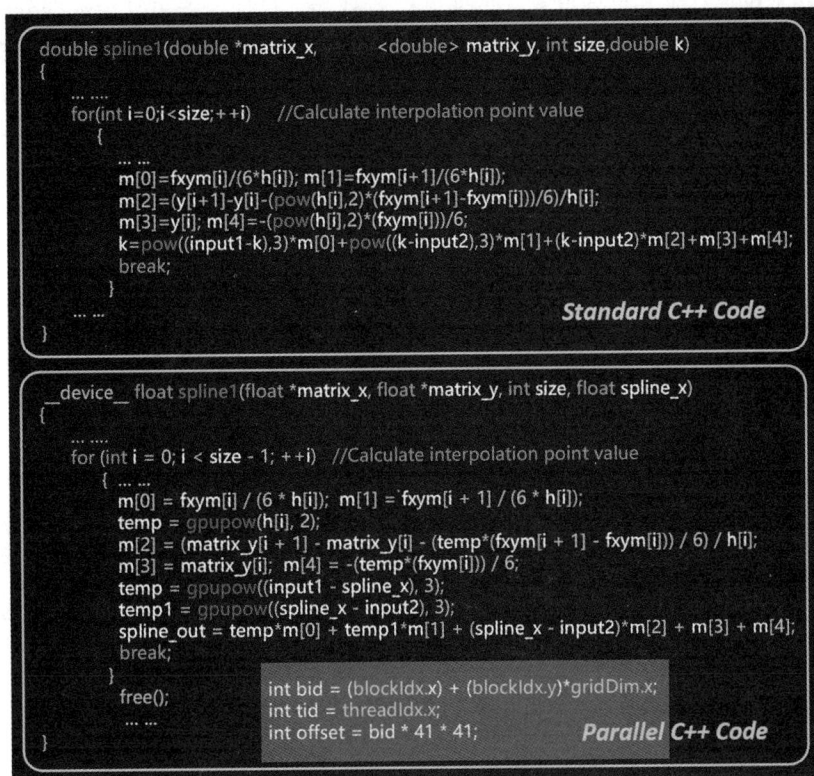

确保每个线程的计算负载均衡分配和任务量一致化，能够实现 GPU 资源的有效平衡与

利用，此策略不仅提高了并行插值算法的实际运行效能，并且为解决复杂数据分析问题提供了高效解决方案。因此，在双三次样条插值法应用中，采用并行编程、优化内存管理、提升性能技术等综合措施，能够显著提升数据处理的实时性和效率，对实现 DIC 技术的有效性与实用性至关重要。这一系列革新性策略的应用，不仅加速了数据分析过程，还极大地改善了整体计算系统的性能，并提升了响应速度，为后续更复杂的任务提供了强大的技术支持。

## 8.4 异构并行计算下的模拟叶片变形测量实验

### 8.4.1 基于视觉的立体变形测量系统介绍

本节将验证及探讨基于 GPU 的并行立体 DIC 测量算法的应用与效能。本节的研究将聚焦于利用 DIC 技术对三维变形信息进行测量，在此过程中，分析二维像素数据并根据立体相机的内、外部参数，能够推算出飞行器翼面上散斑点的三维空间坐标信息。为了实现这一目标，首先需明确并标定立体视觉系统相机内参及相对外参的关系，这一过程可通过特定的软件工具完成，其界面如图 8 - 6 所示。

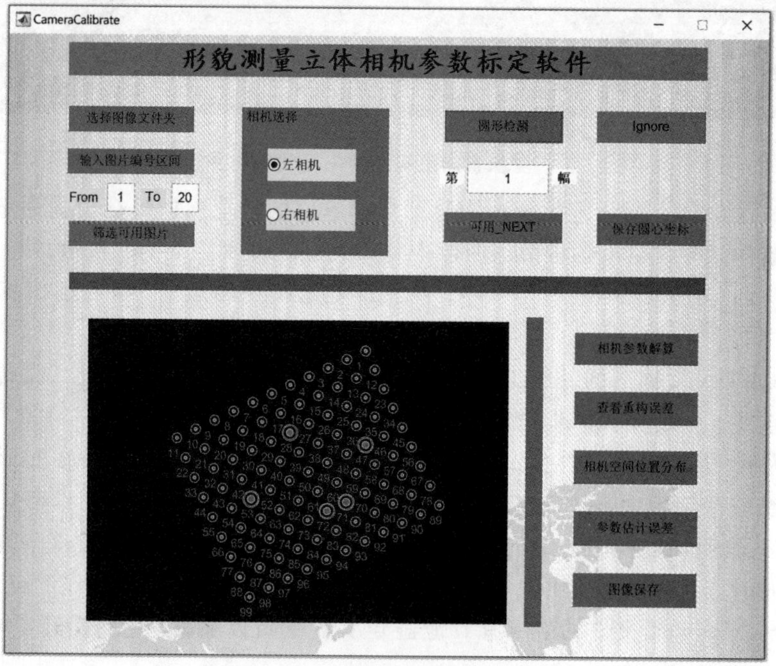


图 8 - 6　立体相机参数标定软件

在使用 CUDA 架构进行变形测量的并行算法实验时，我们面对的是大型飞行器模拟翼面量测任务。因此，在这一实验中，需要对相机的内、外部参数进行全面标定以确保整个飞行器翼面都能被准确覆盖。实施此步骤后，得到的内、外部参数标定结果如表 8-1 所示，这为后续的算法验证与应用提供了关键的数据支持和精度保证。

**表 8-1　立体视觉系统相机标定参数**

| 参　数 | 值 |
|---|---|
| 系统标定空间范围 | 2 m×2 m×3 m |
| 相机采样频率 | 5 Hz |
| 曝光时间 | 7075 μs |
| 左相机参数 | $\boldsymbol{A}_{\mathrm{l}}=\begin{bmatrix}2267.022 & 0 & 1049.140\\ 0 & 2267.225 & 1010.255\\ 0 & 0 & 1\end{bmatrix}$ |
| | $\boldsymbol{k}_{\mathrm{l}}=[-0.0947\quad -0.8589\quad -0.0001\quad 0]^{\mathrm{T}}$ |
| 右相机参数 | $\boldsymbol{A}_{\mathrm{r}}=\begin{bmatrix}2270.677 & 0 & 1041.415\\ 0 & 2270.605 & 1021.848\\ 0 & 0 & 1\end{bmatrix}$ |
| | $\boldsymbol{k}_{\mathrm{r}}=[-0.1498\quad -0.3051\quad 0.0001\quad -0.0004]^{\mathrm{T}}$ |
| 相机系统相对参数 | $\boldsymbol{R}_{\mathrm{r21}}=\begin{bmatrix}0.9938 & -0.0150 & -0.1099\\ 0.0087 & 0.9983 & -0.0575\\ 0.1105 & 0.0562 & 0.9923\end{bmatrix}$ |
| | $\boldsymbol{t}_{\mathrm{r21}}=[-459.8221\quad -2.9715\quad 28.4929]^{\mathrm{T}}$ |
| 物理标定误差 | 0.14 mm |
| 平均重构误差 | 0.31 mm |

根据相机标定结果，可得出以下信息：左相机在成像特征点上的平均重投影像素误差为 0.132 像素，最大误差为 0.164 像素；对于右相机而言，平均重投影像素误差是 0.135 像素，最大误差则为 0.159 像素。我们进一步通过反算校准板上圆形标记点之间的实际尺寸，计算出的平均物理标定误差达到了 0.14 mm。在利用标定参数重构标准杆特征点的空间坐标时，我们获得的平均重构误差为 0.31 mm。值得注意的是，在本实验中，我们对飞行器翼面进行了动态变形测量，测量范围相对较大，深度方向上的距离也较大。

为了实现飞行器翼面动态立体变形测量工作，本节研究还开发了一款包含图像读取、相机参数导入、ROI 选择、CPU 串行处理、GPU 并行计算和结果显示等模块的专用软件，如图 8－7 所示。具体而言，在图像读取阶段，系统依次加载左、右相机在变形前后的参考与目标图像；接下来，通过采用此前标定得到的参数来导入相机信息；基于 CPU 实现变形信息测量部分则使用 Matlab 进行编程工作；GPU 并行处理模块采用 Matlab 调用 Mexw64 文件的方式，实现了利用 CUDA 架构进行高效计算任务；最终，显示结果界面展示了三维重构、位移场拟合和云图等功能。

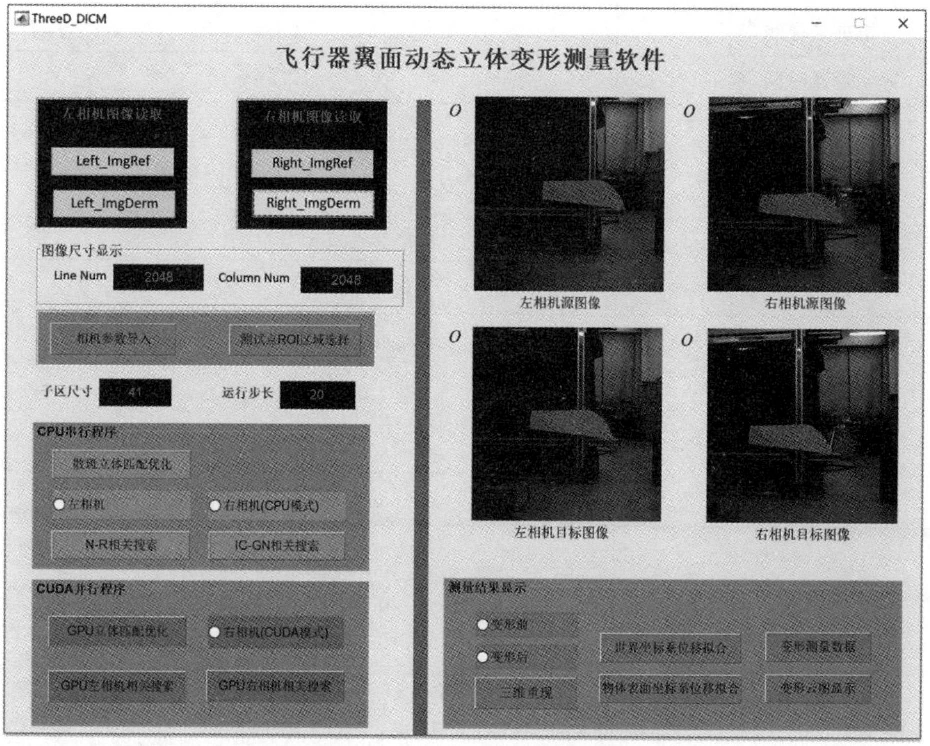


图 8－7 飞行器翼面动态立体变形测量软件

在进行并行计算程序测试时所使用的台式计算机装备了 Intel Xeon E5-2620 处理器，其核心频率为 2.10 GHz，并拥有 32 GB 的系统内存。该计算机配备了 NVIDIA Quadro P2000 系列显卡作为图形加速器支持，内嵌有 1024 个流处理单元，显存带宽达到 128 位，提供 5 GB 的显存空间，其 PCI Express 接口版本为 3.0 X16 标准。另外，该计算机安装了 CUDA Toolkit 8.0 版软件工具集，并搭配了 Visual Studio 2013 版本进行开发环境搭建。值得一提的是，确保所使用的 Visual Studio 版本与 CUDA 工具集版本兼容至关重要。计算机硬件的配置差异会显著影响并行计算任务的实际加速比表现。

## 8.4.2　CPU 串行与 CUDA 架构并行计算下的匹配速度对比

为了对比 CPU 和 CUDA 架构并行计算在数字图像相关技术匹配算法中处理相同散斑 ROI 的效率差异，我们按照步骤对 5、20、50、100、150、200、250、300 个测试点进行了连续亚像素匹配与立体亚像素匹配，并记录了匹配执行时间，图 8-8(a)、(b)分别为串行匹配与并行匹配计算时间。

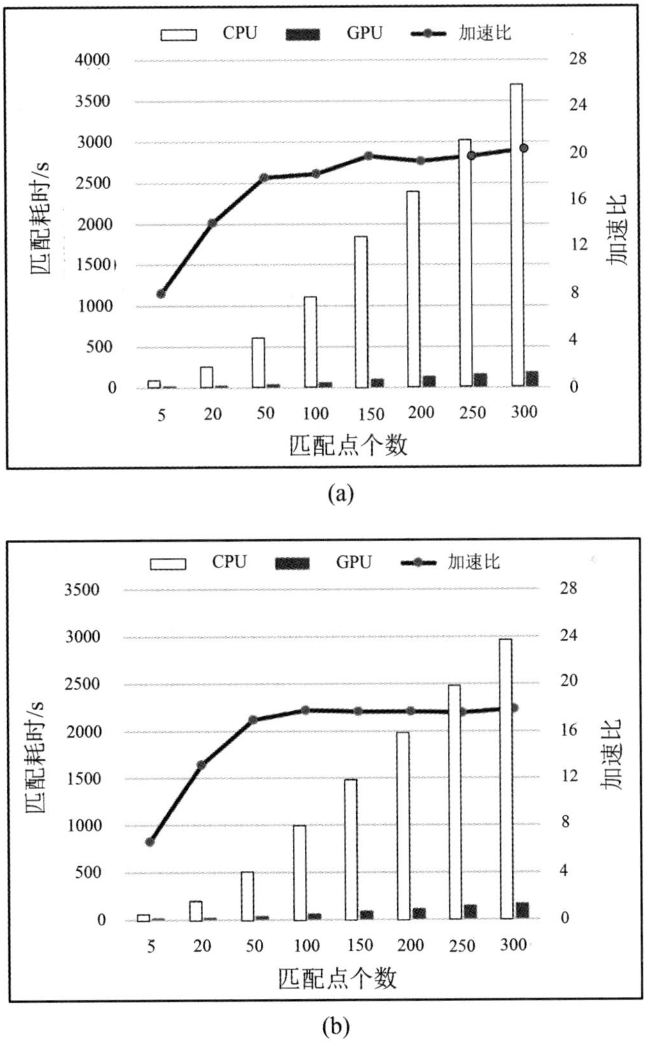


图 8-8　串行与并行匹配计算时间对比

通过对图 8-8 中的结果进行分析可知，在测试点数量较少时(即较低的数量级)，基于CPU的串行匹配与使用CUDA架构的并行匹配所需时间相近，因此并行加速效果不显著。这是因为此时的数据量尚不足以使 GPU 充分利用其计算能力，且 GPU 在执行前需要从主机将数据传输至设备端，并在运算完成后将结果返回给主机，这一过程对较小规模的计算任务而言，访存和数据传输延迟与 CPU 计算时间相当，因此并行匹配并未体现明显的加速。然而，随着测试点数量增加，采用传统串行方式进行匹配的时间显著增长，而并行计算的耗时增长相对平缓。在 GPU 上执行非计算操作所花费的时间相对于整个算法执行时间的比例逐渐减小。例如，在处理 300 个测试点时，基于 CUDA 的异构并行计算方法相较于传统的 CPU 串行运算，分别实现了 19.78 倍和 17.87 倍的加速比。这种显著的加速效果证明了在处理大量数据集时，使用 GPU 进行并行计算相对于 CPU 单线程处理具有明显的优势。这一结论进一步验证了在大数据量处理场景下，CUDA 作为一种高效的 GPU 并行计算工具，能够有效提升相关匹配算法的执行效率，同时随着处理点数的增加，加速比持续增大。

在进一步的实验中，我们对比了在不同匹配窗口尺寸下进行多个散斑匹配所需的时间，并探讨了不同尺寸对亚像素匹配精度及稳定性的影响。经验数据指出，当匹配窗口的像素尺寸超过 41 时，进一步提升亚像素匹配的精度带来的收益相对有限，且随着窗口尺寸的增加，计算涉及的数据量也会随之扩大。对于那些对精度与稳定性有高要求的应用场景，考虑到不同大小散斑子区域所引起的计算时间差异是至关重要的。在测试中，我们选择了 100 个散斑点作为匹配运算的对象，窗口尺寸从 11 像素开始递增至 81 像素(每次增加 10 像素)，对这些匹配操作进行了计时，具体耗时情况见图 8-9。图 8-9(a)、(b)分别为串行匹配与并行匹配计算时间。

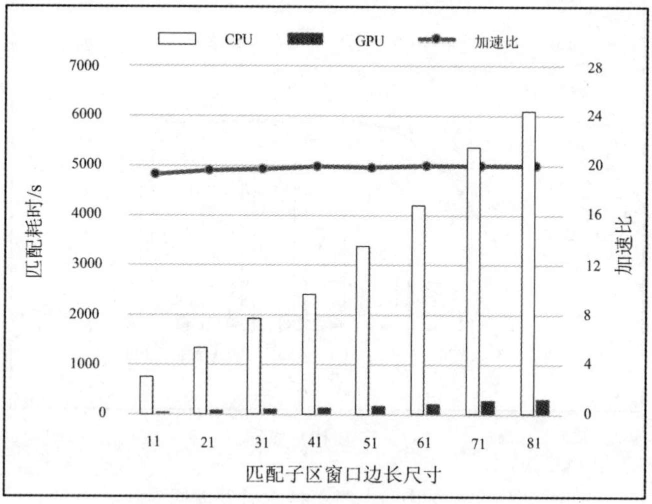


(a)

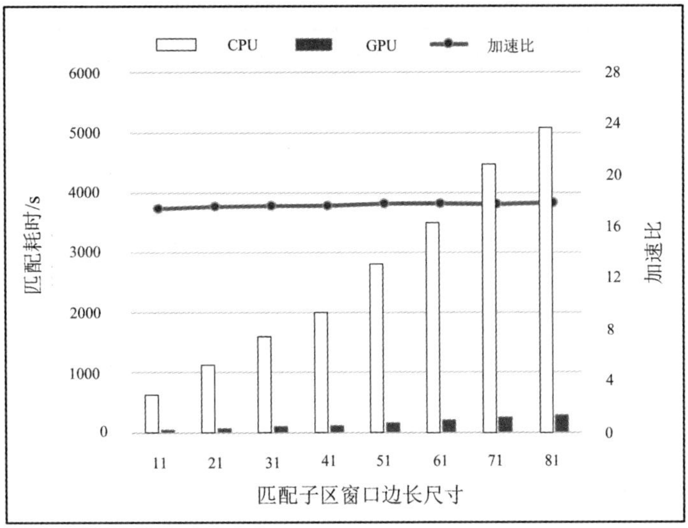


(b)

图 8-9　不同尺寸窗口下的亚像素搜索时间对比

如图 8-9 所示，随着匹配窗口尺寸的加大，亚像素匹配时间呈线性增长趋势。尽管串行计算与并行计算在不同窗口尺寸下的执行时间存在差异，但是它们的加速比在数值上相对稳定，并没有发生显著变化。此外，散斑匹配所需的时间受算法复杂度、计算机配置状况、图像质量以及收敛阈值等多种因素的影响。表 8-2 和表 8-3 分别总结了串行与并行计算模式下，进行单点时序匹配与立体匹配的平均耗时情况。

**表 8-2　散斑点串行计算模式匹配耗时**

| 序号 | 匹配点数量 | CPU 执行单点匹配耗时/s | CUDA 并行运算单点匹配耗时/s | 加速比 |
|---|---|---|---|---|
| 1 | 5 | 14.498 | 1.804 | 8.036 |
| 2 | 20 | 12.436 | 0.882 | 14.099 |
| 3 | 50 | 12.111 | 0.675 | 17.942 |
| 4 | 100 | 11.020 | 0.603 | 18.275 |
| 5 | 150 | 12.111 | 0.612 | 19.789 |
| 6 | 200 | 11.991 | 0.619 | 19.371 |
| 7 | 250 | 12.111 | 0.612 | 19.789 |
| 8 | 300 | 12.336 | 0.605 | 20.390 |

表 8-3 散斑点并行计算模式匹配耗时

| 序号 | 匹配点数量 | CPU 执行单点匹配耗时/s | CUDA 并行运算单点匹配耗时/s | 加速比 |
|---|---|---|---|---|
| 1 | 5 | 10.424 | 1.582 | 6.589 |
| 2 | 20 | 10.176 | 0.773 | 13.155 |
| 3 | 50 | 10.016 | 0.592 | 16.918 |
| 4 | 100 | 9.921 | 0.558 | 17.759 |
| 5 | 150 | 9.921 | 0.562 | 17.644 |
| 6 | 200 | 9.901 | 0.561 | 17.625 |
| 7 | 250 | 9.920 | 0.566 | 17.521 |
| 8 | 300 | 9.884 | 0.553 | 17.873 |

由表8-3与表8-4可知，基于CPU执行的串行计算中，单点匹配的平均耗时表现相对平稳；而在采用CUDA架构支持下的并行计算模式下，相同任务的平均处理时间则会显著减少。这一现象的发生原因在于，并行计算环境使得增加匹配点数量并未明显影响总运行时间，而设备启动与数据交互所需的时间也大致保持不变。因此，在增加匹配点的情况下，GPU并行计算模式下的单点平均耗时相对降低，这进一步证实了GPU在大规模匹配任务处理中的高效性。综上所述，利用GPU进行异构并行算法优化极大地提升了立体匹配与时序匹配的速度，从而显著提高了数字图像相关技术在实际立体变形测量应用中的效率水平。

## 8.5 本章小结

本章采用CUDA编程框架，并结合Visual Studio开发平台与Mex脚本文件，成功地对三维变形分析中的序列匹配和立体匹配过程进行了高效加速。通过使用NVCC来编译CUDA源代码的GPU并行程序设计方式，不仅解决了Mex脚本与其他语言间的数据交换难题，而且不受特定函数调用限制的影响，进而使整个变形测量程序的整体运行效率得到了显著提升。同时，本章对 CPU 串行计算与采用 CUDA 架构的并行计算进行了速度对比测试。结果显示，在异构计算环境下进行的时间序列匹配速度相较于传统单线程处理方式提高了约 19.78 倍，而立体匹配的速度则增加了 17.87 倍。这些数据有力证明了 GPU 并行机制在加速相关计算任务方面的显著优势，并且具有高效率的计算加速比。

# 参考文献


［1］ XING S，GUO H W. Iterative calibration method for measurement system having lens distortions in fringe projection profilometry[J]. Optics Express，2020，28(2)：1177－1196.

［2］ ABDEL-AZIZ Y I，KARARA H M. Direct linear transformation from comparator coordinates into object space coordinates in close-range photogrammetry [J]. Photogrammetric Engineering and Remote Sensing. 2015，81：103－107.

［3］ TSAI R Y. A versatile camera calibration technique for high-accuracy 3D machine vision metrology using off-the-shelf TV cameras and lenses[J]. IEEE Journal on Robotics and Automation，1987，3(4)：323-344.

［4］ ZHANG Z Y. A flexible new technique for camera calibration [J]. IEEE Transactions on Pattern Analysis and Machine Intelligence，2000，22(11)：1330-1334.

［5］ AKKAD N E，MERRAS M，BAATAOUI A，et al. Camera self-calibration having the varying parameters and based on homography of the plane at infinity[J]. Multimedia Tools and Applications，2018，77(11)，14055-14075.

［6］ GAUDREAULT M，JOUBAIR A，BONEV I. Self-calibration of an industrial robot using a novel affordable 3D measuring device [J]. Sensors，2018，18(10)：338001-338019.

［7］ LI Y F，CHEN S Y. Automatic recalibration of an active structured light vision system[J]. IEEE Transactions on Robotics and Automation，2003，19(2)：259-268.

［8］ 朱嘉，李醒飞，徐颖欣. 摄像机的一种主动视觉标定方法[J]. 光学学报，2010，30(5)：1297-1303.

［9］ 安喆，徐熙平，杨进华，等. 光学透射式 AR-HUD 系统的标定方法研究[J]. 光子学报，2019，48(4)：126-137.

［10］ LI W M，SHAN S Y，LIU H. High-precision method of binocular camera calibration with a distortion model[J]. Applied Optics，2017，56(8)：2368-2377.

[11] XU Y F, ZHAO Y, WU F L, et al. Error analysis of calibration parameters estimation for binocular stereo vision system[C]. IEEE International Conference on Imaging Systems and Techniques, 2013: 317-320.

[12] YANG X L, FANG S P. Eccentricity error compensation for geometric camera calibration based on circular features[J]. Measurement Science and Technology, 2014, 25(2): 025007.

[13] 戴云彤. 多相机测量中相机外部参数优化与高精度姿态识别[D]. 南京: 东南大学, 2018.

[14] HUO J, YANG N, YANG M, et al. An on-line calibration method for camera with large FOV based on prior information[J]. Optik, 2015, 126(15-16): 1394-1399.

[15] 高鹰, 高翔. 仿生智能计算中的粒子群优化算法及应用[M]. 北京. 科学出版社, 2018.

[16] WANG Y H, LI B, YIN L X, et al. Velocity-controlled particle swarm optimization (PSO) and its application to the optimization of transverse flux induction heating apparatus[J]. Energies, 2019, 12(3): 48701-48712.

[17] 周婧, 张小宝, 白云龙. 变异机制粒子群优化的摄像机内参数校准[J]. 光学精密工程, 2019, 27(8): 1745-1753.

[18] DENG L, LU G, SHAO Y Y, et al. A novel camera calibration technique based on differential evolution particle swarm optimization algorithm[J]. Neurocomputing, 2016, 174: 456-465.

[19] 张强, 王鑫, 李海滨. 基于粒子群优化的水下成像系统标定[J]. 光子学报, 2014, 43(1): 0111004.

[20] OPARA K R, ARABAS J. Differential Evolution: A survey of theoretical analyses [J]. Swarm and Evolutionary Computation, 2019, 44: 546-558.

[21] 张吴明, 钟约先. 基于改进差分进化算法的相机标定研究[J]. 光学技术, 2004, 30(6): 720-723.

[22] FRAGA L G D L, SCHUTZE O. Direct calibration by fitting of cuboids to a single image using differential evolution[J]. International Journal of Computer Vision, 2009, 81(2): 119-127.

[23] KANG L, WU L D, CHEN X D, et al. Practical structure and motion recovery from two uncalibrated images using ε Constrained adaptive differential evolution

[J]. Pattern Recognition, 2013, 46(5): 1466-1484.

[24] GARG R, KUMAR B G V, Carneiro G, et al, Unsupervised CNN for single view depth estimation: Geometry to the rescue[C]. European Conference on Computer Vision, 2016, 740-756.

[25] LIU W K, HUO J, ZHOU X, et al. A novel camera calibration method for binocular vision based on improved RBF neural network[C]. Chinese Conference on Computer Vision, 2017, 439-448.

[26] MARONAS J, PAREDES R, RAMOS D. Calibration of deep probabilistic models with decoupled bayesian neural networks [J]. Neurocomputing, 2019, 407, 194-205.

[27] PETER W H, RANSON W F. Digital imaging techniques in experimental stress analysis[J]. Optical Engineering, 1982, 21(3): 213427.

[28] YAMAGUCHI I. Speckle displacement and decorrelation in the diffraction and image fields for small object deformation[J]. Journal of Modern Optics, 1981, 28(10): 1359-1376.

[29] 高建新. 数字散斑相关方法及其在力学测量中的应用[D]. 北京: 清华大学, 1989.

[30] CHU T, RANSON W F, SUTTON M A. Applications of digital-image-correlation techniques to experimental mechanics[J]. Experimental Mechanics, 1985, 25(3): 232-244.

[31] 芮嘉白, 金观昌, 徐秉业. 一种新的数字散斑相关方法及其应用[J]. 力学学报, 1994, 26(5): 599-607.

[32] HUNG P C, VOLOSHIN A S. In-plane strain measurement by digital image correlation [J]. Journal of the Brazilian Society of Mechanical Sciences and Engineering, 2003, 25(3): 215-221.

[33] ZHANG J, JIN G C, MA S P, et al. Application of an improved subpixel registration algorithm on digital speckle correlation measurement[J]. Optics and Laser Technology, 2003, 35(7): 533-542.

[34] BRUCK H A, MCNEILL S R, SUTTON M A, et al. Digital image correlation using Newton-Raphson method of partial differential correction[J]. Experimental Mechanics, 1989, 29(3): 261-267.

[35] VENDROUX G, KNAUSS W G. Submicron deformation field measurements: Part

2. Improved digital image correlation[J]. Experimental Mechanics，1998，38(2)：86-92.

[36] BAKER S，MATTHEWS I. Lucas-Kanade 20 years on：A unifying framework[J]. International Journal of Computer Vision，2004，56(3)：221-255.

[37] LUO P F，CHAO Y J，SUTTON M A，et al. Accurate measurement of three-dimensional de-formations in deformable and rigid bodies using computer vision[J]. Experimental Mechanics，1993，33(2)：123-132.

[38] CHEN F X，CHEN X，XIE X，et al. Full-field 3D measurement using multi-camera digital image correlation system[J]. Optics and Lasers in Engineering，2013，51(9)：1044-1052.

[39] 单宝华，霍晓洋，刘洋. 一种极线约束修正数字图像相关匹配的立体视觉测量方法[J]. 中国激光，2017，44(8)：0804003.

[40] SHAO X X，DAI X J，CHEN Z N，et al. Real-time 3D digital image correlation method and its application in human pulse monitoring[J]. Applied Optics，2016，55(4)：696-704.

[41] DIZAJI M S，ALIPOUR M，HARRIS D K. Leveraging full-field measurement from 3D digital image correlation for structural identification[J]. Experimental Mechanics，2018，58(7)：1049-1066.

[42] 吴荣，刘依，周建民. 数字图像相关用于测量风电叶片全场变形[J]. 仪器仪表学报，2018，39(11)：258-264.

[43] 项大林，荣吉利，何轩，等. 基于三维数字图像相关方法的水下冲击载荷作用下铝板动力学响应研究[J]. 兵工学报，2014，35(8)：1210-1217.

[44] 陈凡秀，陈旭，谢辛，等. 多相机 3D-DIC 及其在高温变形测量中的应用[J]. 实验力学，2015，30(2)：157-164.

[45] DALAL N，TRIGGS B. Histograms of oriented gradients for human detection[C]. 2005 IEEE Computer Society Conference on Computer Vision and Pattern Recognition. 2005：886-893.

[46] FORSYTH D. Object detection with discriminatively trained part-based models[J]. Computer，2014，47(2)：6-7.

[47] GIRSHICK R，DONAHUE J，DARRELL T，et al. Rich feature hierarchies for accurate object detection and semantic segmentation[C]. 2014 IEEE Conference on

Computer Vision and Pattern Recognition. 2013：580-587.

[48] KETKAR N，MOOLAYIL J. Convolutional neural networks[M]. Deep Learning with Python. Berkeley，CA：Apress，2021：197-242 .

[49] LECUN Y，BOTTOU L. BENGIO，et al Gradient-based learning applied to document recognition[J]. Proceedings of the IEEE，1998，86(11)：2278-2324.

[50] KRIZHEVSKY A，SUTSKEVER I，HINTON G E. ImageNet classification with deep convolutional neural networks[J]. Communications of the ACM，2017，60(6)：84-90.

[51] SIMONYAN K，ZISSERMAN A. Very deep convolutional networks for largescale image recognition[J]. Computer Science，2015：730-734.

[52] SZEGEDY C，LIU W，JIA Y Q，et al. Going deeper with convolutions[C]. 2015 IEEE Conference on Computer Vision and Pattern Recognition（CVPR）. 2015：1-9.

[53] HE K M，ZHANG X Y，REN S Q，et al. Deep residual learning for image recognition[C]. 2016 IEEE Conference on Computer Vision and Pattern Recognition. 2016：770-778.

[54] HUANG G，LIU Z，MAATEN L V D，et al. Densely connected convolutional networks[C]. 2017 IEEE Conference on Computer Vision and Pattern Recognition（CVPR）. 2017：2261-2269.

[55] GIRSHICK R，Fast R-CNN[C]. 2015 IEEE International Conference on Computer Vision(ICCV). 2015：1440-1448.

[56] REN S Q，HE K，GIRSHICK R，et al. Faster R-CNN：Towards real-time object detection with region proposal networks[J]. IEEE Transactions on Pattern Analysis and Machine Intelligence，2017，39(6)：1137-1149.

[57] REDMON J，DIVVALA S，GIRSHICK R，et al. You only look once：Unified，real-time object detection[C]. 2016 IEEE Conference on Computer Vision and Pattern Recognition(CVPR). 2016：779-788.

[58] 崔家山.三维运动立体视觉测量方法研究[D].哈尔滨：哈尔滨工业大学，2016.

[59] ZHANG L M，ZHU F，HAO Y M，et al. Rectangular-structure-based pose estimation method for non-cooperative rendezvous[J]. Applied Optics，2018，57(21)：6164-6173.

[60] HORAUD R, DORNAIK F, LAMIROY B.. Object pose: The link between weak perspective, paraperspective, and full perspective[J]. International Journal of Computer Vision, 1997, 22(2): 173-189.

[61] LI Y H, HUO J, YANG M, et al. Algorithm of locating the sphere center imaging point based on novel edge model and Zernike moments for vision measurement[J]. Journal of Modern Optics, 2019, 66(2): 218-227.

[62] 张跃强，苏昂，刘海波，等.基于多直线对应和加权最小二乘的位姿估计[J]. 光学精密工程，2015，23(6)：1722-1731.

[63] TENG X C, YU Q F, LUO J, et al. Pose estimation for straight wing aircraft based on consistent line clustering and planes intersection[J]. Sensors, 2019, 19(2): 34201-34220.

[64] LIU Z Y , LIU X, DUAN G F, et al. Precise pose and radius estimation of circular target based on binocular vision[J]. Measurement Science and Technology, 2019, 30(2): 025006.

[65] 冯肖维，谢安安，肖健梅，等. 非合作纹理目标单目位姿计算[J]. 光学精密工程，2020，28(8)：1775-1784.

[66] WANG C, XU D F, ZHU Y K, et al. DenseFusion: 6D object pose estimation by iterative Dense Fusion[C]. 2019 IEEE Conference on Computer Vision and Pattern Recognition, 2019, 3343-3352.

[67] OMRAN M, LASSNER C, PONSMOLL G, et al. Neural body fitting: Unifying deep learning and model based human pose and shape estimation[C]. International Conference on 3D Vision, 2018, 484-494.

[68] LEI T, LIU X F, CAI G P, et al. Pose estimation of a noncooperative target based on monocular visual SLAM[J]. International Journal of Aerospace Engineering, 2019(2): 1-14.

[69] LU C P, HAGER G D, MJOLSNESS E. Fast and globally convergent pose estimation from video images[J]. IEEE Transactions on Pattern Analysis and Machine Intelligence, 2000, 22(6): 610-622.

[70] 周润，张征宇，黄叙辉. 相机位姿估计的加权正交迭代算法[J]. 光学学报，2018，38(5)：515002.

[71] UMEYAMA S. Least-Squares estimation of trans for mation parameters between

two point patterns[J]. IEEE Transactions on Pattern Analysis and Machine Intelligence, 1991, 13(4): 376-380.

[72] HESCH J A, ROUMELIOTIS S I. A direct least-squares (DLS) method for PnP [C]. IEEE International Conference on Computer Vision, 2012, 383-390.

[73] LEPETIT V, MORENO F, FUAP. EPnP: An accurate O(n) solution to the PnP problem[J]. International Journal of Computer Vision, 2009, 81(2):155-166.

[74] LI S Q, XU C, XIE M. A robust O(n) solution to the Perspective-n-Point problem [J]. IEEE Transactions on Pattern Analysis and Machine Intelligence, 2012, 34 (7): 1444-1450.

[75] 李鑫，张跃强，刘进博等. 基于直线段对应的相机位姿估计直接最小二乘法[J]. 光学学报，2015，35(6)：0615003.

[76] TJADEN H, SCHWANECKE U, SCHOMER E, et al. A region-based Gauss-Newton approach to real-time monocular multiple object tracking[J]. IEEE Transactions on Pattern Analysis and Machine Intelligence, 2019, 41(8): 1797-1812.

[77] CHANG W C, WU C H. Candidate-based matching of 3-D point clouds with axially switching pose estimation[J]. The Visual Computer, 2020, 36(3): 593-607.

[78] 许允喜，蒋云良，陈方. 多摄像机系统位姿估计的广义正交迭代算法[J]. 光学学报，2009，29(1)：72-77.

[79] GHOSAL S, MEHROTRA R. Orthogonal moment operators for subpixel edge detection[J]. Pattern Recognition, 1993, 26(2): 295-306.

[80] LI J Q, WANG J W, CHEN S B, et al. Improved algorithm of subpixel edge detection using Zernike orthogonal moments[J]. Optical Technique, 2003, 29(4): 500-503.

[81] TSAI R Y An efficient and accurate camera calibration technique for 3D machine vision [C]. Proceedings of IEEE Conference on Computer Vision and Pattern Recognition, 1986: 364-374.

[82] BRADSKI G R, KAEHLER A. Learning OpenCV-computer vision with the OpenCV library: software that sees[J]. DBLP, 2008.

[83] CORTES C, VAPNIK V. Support-vector networks[J]. Machine Learning, 1995, 20(3): 273-297.

[84] RADFORD A, METZ L, CHINTALA S. Unsupervised representation learning with deep convolutional generative adversarial networks[J]. ArXiv e-prints 2015: ArXiv: 1511.06434.

[85] MENG L B, JIN G C, YAO X F. Application of iteration and finite element smoothing technique for displacement and strain measurement of digital speckle correlation[J]. Optics and Lasers in Engineering, 2007, 45(1): 57-63.

[86] 崔颖，王之腾，陈立伟，等. 小视场下基于可移动 3D-DIC 的全场应变测量方法[J]. 应用科技，2023，50(5)：72-77.

[87] WALL M E, RECHTSTEINER A, ROCHA L M. Singular value decomposition and principal component analysis. [M]. A practical approach to microarray data analysis Boston:kluuer Academic Publishers:2015:91-109.

[88] WINKLER D, REZAVAND M, MEISTER M, et al. GPUsphase-a shared memory caching implementation for 2D SPH using CUDA [J]. Computer Physics Communications, 2019, 235: 514-516.

[89] GEMBRIS D, NEEB M, GIPP M, et al. Correlation analysis on GPU systems using NVIDIA's CUDA[J]. Journal of Real-Time Image Processing, 2011, 6(4): 275-280.

[90] COOK S. CUDA Programming a developer's guide to parallel computing with GPUs[M]. 北京：机械工业出版社，2018.

[91] 冯艺琳. 基于 CUDA 平台的并行相似对搜索技术研究[D]. 南京：南京大学，2019.

[92] SOUA M, KACHOURI R, AKIL M. GPU parallel implementation of the new hybrid binarization based on Kmeans method (HBK)[J]. Journal of Real-Time Image Processing, 2018, 14(2): 363-377.